助力乡村振兴
出版计划

【新型农民职业技能提升系列】

茶园有害生物
综合防控技术

主　　编　姜　浩

副主编　赵　俊　秦　丽

编写人员　荆婷婷　张亚彪

ARTTIME
时代出版

时代出版传媒股份有限公司
安徽科学技术出版社

图书在版编目(CIP)数据

茶园有害生物综合防控技术 / 姜浩主编. --合肥:安徽科学技术出版社,2024.1

助力乡村振兴出版计划. 新型农民职业技能提升系列

ISBN 978-7-5337-8951-0

Ⅰ.①茶… Ⅱ.①姜… Ⅲ.①茶园-病虫害防治-无污染技术 Ⅳ.①S435.711

中国国家版本馆 CIP 数据核字(2024)第 002232 号

茶园有害生物综合防控技术　　　　　　　　　　　　主编　姜　浩

出 版 人:王筱文　选题策划:丁凌云　蒋贤骏　余登兵　责任编辑:胡　铭
责任校对:张晓辉　责任印制:李伦洲　　　　　　　　装帧设计:冯　劲
出版发行:安徽科学技术出版社　　　　http://www.ahstp.net
　　　　　(合肥市政务文化新区翡翠路 1118 号出版传媒广场,邮编:230071)
　　　　　电话:(0551)63533330
印　　制:合肥华云印务有限责任公司　　电话:(0551)63418899
(如发现印装质量问题,影响阅读,请与印刷厂商联系调换)

开本:720×1010　1/16　　　　印张:7.25　　　　字数:85 千
版次:2024 年 1 月第 1 版　　　印次:2024 年 1 月第 1 次印刷

ISBN 978-7-5337-8951-0　　　　　　　　　　　定价:32.00 元

"助力乡村振兴出版计划"编委会

主　任
查结联

副主任
陈爱军　罗　平　卢仕仁　许光友
徐义流　夏　涛　马占文　吴文胜
董　磊

委　员
胡忠明　李泽福　马传喜　李　红
操海群　莫国富　郭志学　李升和
郑　可　张克文　朱寒冬　王圣东
刘　凯

【新型农民职业技能提升系列】
（本系列主要由安徽农业大学组织编写）

总主编：李　红
副总主编：胡启涛　王华斌

出版说明

　　"助力乡村振兴出版计划"(以下简称"本计划")以习近平新时代中国特色社会主义思想为指导，是在全国脱贫攻坚目标任务完成并向全面推进乡村振兴转进的重要历史时刻，由中共安徽省委宣传部主持实施的一项重点出版项目。

　　本计划以服务乡村振兴事业为出版定位，围绕乡村产业振兴、人才振兴、文化振兴、生态振兴和组织振兴展开，由《现代种植业实用技术》《现代养殖业实用技术》《新型农民职业技能提升》《现代农业科技与管理》《现代乡村社会治理》五个子系列组成，主要内容涵盖特色养殖业和疾病防控技术、特色种植业及病虫害绿色防控技术、集体经济发展、休闲农业和乡村旅游融合发展、新型农业经营主体培育、农村环境生态化治理、农村基层党建等。选题组织力求满足乡村振兴实务需求，编写内容努力做到通俗易懂。

　　本计划的呈现形式是以图书为主的融媒体出版物。图书的主要读者对象是新型农民、县乡村基层干部、"三农"工作者。为扩大传播面、提高传播效率，与图书出版同步，配套制作了部分精品音视频，在每册图书封底放置二维码，供扫码使用，以适应广大农民朋友的移动阅读需求。

　　本计划的编写和出版，代表了当前农业科研成果转化和普及的新进展，凝聚了乡村社会治理研究者和实务者的集体智慧，在此谨向有关单位和个人致以衷心的感谢！

　　虽然我们始终秉持高水平策划、高质量编写的精品出版理念，但因水平所限仍会有诸多不足和错漏之处，敬请广大读者提出宝贵意见和建议，以便修订再版时改正。

本册编写说明

茶树是重要的经济作物之一，茶产业也是茶区重要的经济产业，是茶区乡村振兴和茶产业高质量发展的重要经济载体。茶园病虫害种类繁多，据统计，每年茶园因病虫等有害生物危害遭受的茶叶产量损失为 15%~20%。茶树四季常绿，为病菌、害虫提供了稳定的寄主植物和栖息生境，若防控技术不科学，将导致茶园中病菌数量和虫口基数累积，呈现危害逐年加重的趋势。随着人们对农产品有机认证的重视，生态茶园建设的需求日益迫切。茶园有害生物综合防控技术是生态茶园建设中必不可少的绿色防控技术，也是有机茶产品生产、认证必要的科学防控技术，可以有效促进茶叶产量增加、品质提升、经济效益提高，实现茶产业的高质量发展。

本书简明扼要地介绍了茶树病虫害基础知识、茶园主要病害发生规律、茶园病害症状识别及防控技术、茶园主要害虫危害症状及防治技术、茶园有害生物绿色防控方法和策略、茶园有害生物调查基本方法等方面的知识。本书的出版旨在为茶区的广大茶农、茶叶生产经营主体、新型茶园农场主、茶叶生产管理技术人员、茶区农技推广人员等提供技术指导与参考。

本书在编写过程中参考了不少专家、学者的文献资料，同时也得到了安徽农业大学、相关农业主管部门和茶叶科技人员的大力支持，在此一并表示诚挚感谢。

目　录

第一章　茶树病害基础知识及防治技术

茶树在生长发育过程中，必须有适宜的外界环境条件才能进行正常的生理活动，如细胞的正常分裂、分化和发育，水分和矿物质的吸收、运输，光合作用的进行，光合产物的输导、贮藏以及有机物的代谢等。只有在适宜的环境条件下，茶树的生长发育才会处于正常的状态。但是，茶树在遇到不适宜的环境干扰，超越了茶树所能适应的范围，或者遭受其他病原生物的侵袭时，它们正常的生长发育就会受到干扰和破坏，从生理机能到组织结构就会发生一系列的变化，以致在外部形态上表现出各种病态，其结果是茶叶的产量降低，品质变劣，甚至是植株死亡，茶农遭受一定的经济损失，这种现象称为"茶树的病害"。

具体来说，茶树病害是指茶树植株在外形上、生理上、完整性上和生长上的不正常变化，这种变化的发生必须具备病理变化的过程，即植物遭受病原生物的侵染或不良环境条件的影响后，首先表现出新陈代谢的改变（如生理机能的改变），然后发展到细胞组织的变化（如细胞组织形态的改变），最后由于内部生理机能和细胞组织的破坏不断加深，茶树植株或被害部位如根、茎、叶、花、果等表现出不正常的状态，即形态病变，并且这些病变均有一个逐渐加深、持续发展的过程，称为"病理程序"。

在过去的上千万年进化历程中，茶树已经成功进化出一套近乎完美的遗传密码。在受外界环境的不利影响后，病原生物造成的茶树病害，通

常可以造成茶树生长发育延缓、茶叶品质和产量下降。目前,世界上有记载的茶树病害种类多达500种,我国记载的茶树病害种类有138种。这些病害的病原生物纷繁复杂,归属于不同分类单元,但这些病原生物绝大部分都是真菌。认识和识别茶树真菌性病害,并掌握其发生发展的规律,是茶园病原生物防控的基础。那么,茶树是只受病原生物的危害吗?是否还有病原生物至今仍未被发现?茶树为了生存,又是如何抵抗这些病原生物的威胁的?因此,深入开展茶树病害的科学研究,对于提升茶叶质量、制定合理的茶树绿色防控体系,具有重要的研究价值和实践意义。

▶ 第一节　植　物　病　害

在整个生命活动中,植物时刻受到自然环境的影响。通常情况下,经过长期的自然演化,每种植物都有自身生长发育的外部条件需求,如光照、水分、营养、温度等,当需求得到满足时,植物自身生理功能达到其遗传潜能的最佳状态,则此时植株是健康的。当病原生物或不良环境因素影响植物组织细胞生长时,就会干扰植物的正常生命活动,导致植物生病甚至死亡。但在初期往往影响的是一个或几个细胞,人类肉眼是无法看见的,随着症状的加重,逐渐出现肉眼可见的组织学上的变化。因此,植物病害可以定义为植物细胞或组织受到病原生物侵染或者环境因素干扰发生一系列隐形或可见的反应,使植物在形态、功能及完整性方面发生破坏性的改变,从而导致植物器官部分损伤、坏死,甚至整株死亡。在植物病害发生过程中需要明确两个概念:一、病状是患病植株本身在受到某种致病因素的作用后,由内及外所表现的不正常状态;二、病症是生长在患病植物病部的病原生物特征。前者是针对植株病害发生表型的描述,而后者是对病原生物表型的描述。

植物病害发生的机理和一般机械损伤,如昆虫和其他动物的咬伤、刺伤,人为和机械损伤以及风暴、雷击、雪害等,都是不相同的。这些机械损伤是在短时间内受外界因素作用而突然形成的,没有病理变化程序,这些都不能算作病害。不过,各种机械损伤都会削弱植株生长势,而且伤口也往往成为病原生物侵入的门户,因而诱发病害。

此外,有些植物受某些环境因素影响后,虽然也表现出各种病态,但其经济价值不是降低,而是提高了,这种现象也不能算作病害。例如,被黑粉菌寄生的茭白,因受病菌的刺激,幼茎肿大形成肥嫩可食的茭瓜,增加了它的食用价值;受光照影响的黄化茶树品种,受温度影响的白化茶树品种,既增加了茶叶的品种,又提高了茶叶商品的价格,这些茶树叶片色泽的变化,反而提高了茶树的经济利用价值。虽然这些都是出现了病态的植物,但它们的利用价值却提高了,因而这些现象都不算是病害。

一 植物病害发生的原因

1.病害的病原

植物病害的发生是受多种因素综合影响的结果,其中起主导作用、直接引起病害发生的因素,在病理学上称为"病原",病原包括非生物病原和生物病原两大类。

非生物病原主要指植物周围环境中的因素,包括不适宜的物理因素、化学因素。如营养物质的缺乏或过多,水分供应失调,温度过高或过低,日照过强或过弱,以及土壤通气不良、空气中含有毒气体和农药使用不当而引起的药害,等等。非生物病原引起的病害不能互相传染,没有侵染

过程,当环境条件恢复正常后,病害可停止发展,并且有可能恢复常态,因此,这类病害被称为"非传染性病害"或"生理性病害"。

生物病原是指多种生物侵染,其引起的植物病害能相互传染,并有侵染过程,因此这类病害被称为"传染性病害"。传染性病害的病原生物简称为"病原物",包括真菌、原核生物,其中主要为细菌和菌原体生物、病毒、类病毒、寄生性线虫、寄生性植物等。在生物病原中,真菌和细菌称为"病原菌",被侵染的植物称为"寄主"。植物病原物的存在和大量繁殖、传播是植物传染性病害发生的主要原因。

2.病害发生的原因

植物病害的发生是寄主植物与病原在外界环境条件影响下,相互作用、相互斗争的结果。因此,影响植物病害发生的基本因素包括寄主植物、病原物和环境条件,即植物病害发生的三要素,也称"植物病害的三角关系"。

在传染性病害的发生过程中,寄主植物和病原物是一对主要矛盾。当病原物侵染寄主植物时,植物本身并不是完全处于被动状态,相反,它对病原物侵染要进行积极的抵抗。病害发生与否,常取决于寄主植物抗病能力的强弱,如果植物抗病性强,即使有病原物存在,也可能不发病或发病很轻;相反,如果植物抗病性弱,就可能发病或发病严重。当然,传染性病害发生除寄主植物和病原物外,还包括一个适宜发病的环境。环境条件一方面可以直接影响病原物,促进或抑制其生长发育;另一方面可以影响寄主植物的生活状态,左右其抗病和感病的能力。因此,只有当环境条件有利于寄主植物而不利于病原物时,病害就不会发生或受到抑制;反之,当环境条件有利于病原物而不利于寄主植物时,病害就会发生和发展。

在现代农业生产中，由于人类的生产活动和社会活动的不断发展变化，自然状态下的植病系统已发生了很大的变化，严重地破坏了植病系统的自然平衡，从而形成了农业生态系统中的新的植病系统的四角关系，即"病害四面体"。这种关系的形成，主要是人为因素的加入，使病害发生了很大变化。如栽培作物中偏重产量和品质，忽视了抗病性，再就是大面积单一作物、单一品种的种植，致使病害更易流行。此外，耕作制度不适当，过度密植，施用高氮肥，人为地远距离调运带病的种子、苗木，种植不恰当的作物或品种，大量施用农药造成环境污染等，都可能造成病害发生、蔓延，甚至严重流行。人们的生产活动范围并不限于田间，农田之外的经济活动和社会活动对病害也同样会造成很大的影响，如大量的商品包装物传带各种病原物，世界范围内的旅游活动导致病菌到处传播，装载各类植物及植物产品的运输工具，废弃、拆装的各类材料等都可能黏附很多病菌，还有大量的森林砍伐严重破坏了生态系统的平衡，等等，这些都直接或间接地影响病害的消长。

在现代植病系统中，人类是主宰者，对此系统，人们进行了有目的的和确定性的控制，但这种控制有时会出现不适当的状况，常常会造成重大失误和损失。因此，人们对植物病害的形成需要有系统而全面的了解，才能制定正确的策略，合乎规律地和有效地控制病害。

二 植物病害发生的基本因素

1.寄主植物

每种植物在生长发育过程中都会受到不止一种病原物的侵染。在自然状态下，大多数植物都能够顺利存活并拥有理想的产量和品质，这与植物抗病性密切相关。植物的抗病性是植物抵御和减小病原物侵染及侵

染损害的能力,是植物与病原物在长期共同进化过程中相互适应和选择的结果。植物的抗病性都是直接或间接地由寄主植物和病原物的遗传物质(基因)来决定的。所以,抗病性是指特定植物品种对特定病原物的种、小种或菌株的抵抗能力,是一种相对的说法。

植物抗病性包括非寄主抗性和寄主抗性两种。一种植物接触到非自身的病原物常常表现出持续抵抗这种病原菌的抗性是非寄主抗性,也是自然界最常见的抗性形式。例如,苹果树不会被番茄、小麦等的病原物侵染,反之苹果树的病原物也不会侵染番茄和小麦。这是在遗传上不同寄主的遗传存在差异造成的。寄主抗性是寄主植物对其病原物表现的真正抗性,这种抗性在遗传上受一至多个抗病基因(R基因)控制。植物体内有许多基因参与植物的抗病,其中部分基因还兼具促进植物正常生长的功能,存在于植物的整个生命过程中。在病原物侵染寄主时,这些基因被激活并编码产生各类酶、毒素等化学物质抵御病原物的侵染。这类依赖于多个基因来控制各种防卫反应的抗性可分为部分抗性、一般抗性、数量抗性、多基因抗性、成株抗性、田间抗性、持久抗性,普遍被称为"水平抗性"。多数植物能够精准识别并完全抵抗某些病原物的种、小种或菌株,表现出高度抗病性,但不抗其他种、小种或菌株,表现为感病性。这种由寄主R基因特异性识别不亲和病原物所激活的抗性分为R基因抗性、单基因抗性、质量抗性、专化抗性等,普遍被称为"垂直抗性"。

2.病原物

病原物是能够从被侵染的寄主植物中获得营养,并引起寄主植物病害的一类生物。病原物包括真菌、原核生物(细菌)、寄生性高等植物和绿藻、病毒和类病毒、线虫、原生生物等。这些病原物引起的植物病害也叫作"侵染性病害"或"生物引起的病害"。

病原物所具有的基本特征包括寄生性和致病性。寄生性是指病原物克服寄主植物的组织屏障和生理抵抗,从寄主植物体内获取养分和水分等物质,以维持自身生存和繁殖的能力。根据获得营养的方式可以将病原物分为自养生物和异养生物,异养生物又可分为腐生物和寄生物。腐生物从无生命的有机物中获得营养;寄生物可直接从活的寄主植物中获取营养,其生长发育过程往往与寄主植物的生理活动交织在一起。根据病原物的寄生程度,病原物可分为专性寄生物和非专性寄生物。专性寄生物也称为"活养寄生物",这类寄生物必须从活着的寄主植物细胞中获得营养物质,一般不能人工培养,当寄主植物的细胞或组织死亡后,活养寄生物的生活阶段也随之结束。非专性寄生物的特点是寄生习性与腐生习性兼而有之,既可以在活着的寄主植物上寄生,也可以在死亡的有机体以及各种营养基质上存活。其中的半活养寄生物,通常以寄生生活为主,当寄主植物的细胞或组织死亡后,还能以腐生形式生存一段时间,并且在特定的培养基上也可以生存。病原物通过分泌酶、毒素、生长调节物以及其他化合物干扰植物细胞的新陈代谢,通过吸收寄主植物细胞的养分供自己使用从而使植物患病。致病性是指病原物在寄生过程中使植物发病的能力,表现为有致病性和无致病性。一种病原物致病性的强弱程度则称为"致病力",也称为"毒力"或"毒性"。

3.温度

温度是维持生命体存活的重要因素,植物和病原物都有维持活性的生长温度范围,越接近生长温度范围的极值,就越会影响它们的正常生命活动。冬季的温度较低,植物和病原物生长受限,一般不会发生病害;而当温度逐渐升高,植物开始正常生长,病原物活性也在增强,随着高温的出现,植物防御机制会受到非生物胁迫的影响,增大植物病害的发生

概率。但由于不同病原物对高温与低温的偏好,一些病原物在低温或高温条件下生长要比在其他温度条件下更好,而同样温度环境会造成寄主植物生长缓慢,甚至造成植物病害的发生。因此,许多病害在低温地区、季节或年限中发生更加严重,而有些病害却在高温时节发生严重。

4.湿度

湿度和温度一样,在许多生长环节中影响植物病害的发生发展。湿度决定病原菌孢子能否顺利地萌发,在病原菌侵染与传播过程中起着决定性作用。其一般以雨水、灌溉水、露水以及空气相对湿度等形式存在于植物的地上或地下组织周围。湿度是病原物侵染寄主植物和存活的必要条件。对于许多病原物而言,雨水和流动水决定了病原物在同一植株上的分布以及植株之间的传播。湿度能提高植物的含水量,影响寄主植物的发病概率。许多病害的发生还与年降雨量及其分布密切相关。例如,真菌分生孢子的形成、萌发及寿命都受湿度影响,降雨和早晚露水增多的季节,往往是某些真菌病害暴发的时期。因此,湿度不但影响病害的发病程度,还决定在特定季节是否会发病。此外,许多侵染植物地下组织的病害,其发病严重程度与土壤湿度成正比,在接近饱和点时发病最严重。湿度的增加主要影响土壤病原物的繁殖和传播,而土壤含水量过高造成的涝害还会降低植物的防御能力,这又增加了病原物侵染寄主的风险。

5.风

许多病害的病原物需要通过风等媒介进行传播和扩散。风雨夹带的沙石会造成植物表面组织的损伤,病原物通过伤口侵染植物,从而增加了侵染性病害发生的风险。风还可以通过调节植物潮湿表面的干燥速度来影响侵染性病害的发生。

6.生物介体

许多病害的病原物能够通过生物介体进行传播、侵染。某些病原物能够通过昆虫进行传播，例如植物致病性病毒寄生在昆虫体内进行传播，还有些植物病原菌能够附着在昆虫或动物体表进行传播。同时，昆虫和动物也会对植物造成一定的损伤，导致植物受致病菌的侵染而发病。此外，某些昆虫的危害还能诱发植物病害，例如，茶树遭受蚜虫、介壳虫和粉虱等害虫的危害，能够诱发茶树烟煤病。人类的社会活动与农事操作也会引起植物病原物的传播，如调运植物种苗或种子、植物博览会中展览植物、农事操作过程中用农业机械，以及进行农业灌溉等行为，均是植物病原菌传播的重要途径。

7.光照

光照的强度和持续时间能够影响植物的感病性和发病程度。

8.土壤pH与土壤结构

土壤pH对土传病害的发生起重要作用。pH的高低主要影响病原物在土壤中的生长状态，当pH适宜维持病原物活性时会增加病害发生的严重程度。另外，过高或过低的土壤pH会造成植物生长势减弱，降低植物的免疫力，从而促进病害的发生和发展。

▶ 第二节　茶树病害的症状类型

茶树感病后其外部所呈现的各种病态称为"症状"。症状又分为病状和病征两个类别。病状是指植物感病后，其本身表现的反常状态，如变色、坏死、腐烂、萎蔫、畸形等；病征是指植物感病后，由病原物在植物病

部构成的特征,如霉状物、粉状物、粒状物、丝状物、脓状物、伞状物、马蹄状物等。

任何一种植物发生病害后,一般都会有明显的病状,而病征只在由真菌和细菌引起的病害上表现较为明显,并且通常在病害发展到一定阶段时才会表现出来。病毒、类病毒、菌原体在植物细胞内寄生,无外部的病征表现。植物病原线虫多数也在植物体内寄生,一般也无病征。寄生植物在寄主植物上本身就具有特征状的植物结构,而非传染性病害,是由不利的非生物病原引起的,故也无病征。各种植物病害症状都具有一定的特征性和稳定性,所以症状是诊断植物病害的重要依据之一。

一 病状类型

常见病害的病状类型有很多种,归纳起来主要有以下五种。

1.变色

植物感病后,病部细胞内叶绿体被破坏或其形成受抑制,以及其他色素形成过多而使局部或全株出现不正常的颜色称为"变色"。变色以叶片表现最为明显,全叶变成淡绿色或浅黄绿色称为"褪绿",叶片褪绿后往往还呈现明脉。

2.坏死

植物感病后,一些细胞和组织会死亡。在根、茎、叶、花、果上都可发生坏死。坏死在叶上表现为叶斑和叶枯萎。叶斑的形状有很多种,有圆斑,如茶圆赤星病、茶白星病;轮纹斑,如茶轮斑病。

3.腐烂

植物组织出现较大面积的分解和破坏即为腐烂。腐烂多发生在植物幼嫩、多肉、含水较多的根、茎、叶、花及果实上。在部分病害组织崩溃腐烂过程中,水分迅速散失或组织坚硬含水少,则形成干腐,如茶红根腐病等。

4.萎蔫

植物感病后整株和部分枝叶失水凋萎而呈现下垂的现象称为"萎蔫"。这种病状表现可由多种原因引起,如天气干旱、土壤缺水而引起的生理性萎蔫;寄主植物的根、茎、薄壁组织坏死腐烂而引起的萎蔫。寄主植物的根、茎、维管束组织受病原物侵染,大量菌体堵塞导管或产生毒素,阻碍水分运输,常引起枝叶枯黄凋萎甚至全株死亡,这种萎蔫即使再供给植物水分也不能恢复常态。

5.畸形

植物感病后细胞组织生长过度或生长受抑制而产生畸形。促进性病变表现为受害部位细胞数目增多、体积增大,使受害植物全株或局部生长发育过度,形成肿瘤、丛枝,如茶根癌病、茶饼病、茶嫩梢丛枝病等;抑制性病变表现为受害部位组织细胞减少、体积变小,使受害植物全株或局部生长不良,形成枝叶皱缩、卷曲、细叶、蕨叶、缩果、小果、矮化、矮缩、花瓣变叶、叶变花等,如茶树皱叶病、茶饼病等。

二 病征类型

病征是病原物在感病部位表现出来的特征,主要是病原真菌的营养体和繁殖体、病原细菌的菌体等。常见的病征类型有以下六种。

1.霉状物

霉状物为真菌病害常见的病征,它是由真菌的菌丝体、孢子梗及孢子组成。霉层的颜色、形状、结构、疏密等变化很大。常见的有霜霉、青霉、灰霉、黑霉等,引起的病害有葡萄霜霉病、柑橘青霉病、百合灰霉病、豇豆煤污病等。

2.粉状物

粉状物是某些病原真菌孢子密集所表现出来的特征,以着生的位置、形状、颜色等又可分为白粉、红粉、锈粉、黑粉等。白粉是在植物表面生长的绒状或粉状物,尤以叶片上为多,初为粉白色,后转为淡褐色,并混生黄褐色至黑色的球状小粒点,如茶饼病等。

3.粒状物

病原真菌通常会导致病部产生大小、形状、色泽等各不相同的粒状物,有的呈针头大小的黑点,埋生在寄主表皮下,部分外露,不易与寄主组织分离。这多为真菌的繁殖体如分生孢子器、分生孢子盘、子囊果、子座等,如茶轮斑病、茶炭疽病等。

4.丝状物

病原真菌通常会导致病部表面产生白色或紫红色的丝状物,此为真菌的菌丝体,或是菌丝体与繁殖体的混合物。常见的多呈白色,如茶紫纹羽病等。

5.脓状物

脓状物是细菌病害特有的病征,主要表现在高湿条件下,病部表面溢出脓状的黏液,称为"菌脓",干燥后会成为胶质状的颗粒或菌膜,呈白色或黄色。

6.伞状物、马蹄状物

伞状物或马蹄状物是病原真菌在病部产生的结构较大的子实体,形状似伞状或马蹄状。此类病原为担子菌亚门的真菌,如茶根朽病会在根颈部产生伞状物。

症状是诊断植物病害的重要依据。根据症状进行观察分析,可以对常见病害做出基本无误的诊断。对于诊断一些很少发生的病害也必须从症状观察和分析入手。病状是寄主植物和病原(生物和非生物的)在一定环境条件下相互作用后形成的外部表现;病征则是病原物的群体或器官着生于寄主植物表面所呈现的,它显示了病原物的特点。各种植物病害的病状和病征都具有特异性和稳定性,因而掌握好症状特征对于诊断病害是非常重要的。

第三节　茶园主要病害及防治方法

茶树是常绿植物,叶部病害种类较多,它们对茶叶产量和品质的影响最大。从发病部位来看,可分为嫩芽嫩叶病害(如茶饼病、茶白星病和茶芽枯病等)、成叶老叶病害(如茶云纹叶枯病、茶轮斑病和茶赤叶斑病等)。由于病原物生物学特性的差异,这些病害会发生在茶树生长季节的不同时期。嫩芽嫩叶病害一般属于低温高湿型,早春季节或高海拔地区发生较为严重;成叶老叶病害大多属于高温高湿型,一般流行在夏秋季节。高湿度往往是叶部病害流行的重要条件。叶部病害通常采用农业防治为主、药剂防治为辅的治理策略。

一　茶白星病

1.分布与危害

茶白星病又称"茶白斑病""点星病",是高海拔茶区频发的茶树病害,平地、丘陵地区的茶园发病通常较轻。其主要危害嫩叶、嫩芽、幼茎及叶柄,是常见的茶树芽叶病害之一。茶树受害后,新梢芽叶形成无数小型病

斑,会使芽叶生长受阻,茶叶产量下降,且病叶制茶味苦异常,汤色浑暗,破碎率高,对成茶品质影响极大。国内主要分布于安徽、浙江、福建、江西、湖南、湖北、四川、贵州等省份,国外在日本、印度尼西亚、印度、斯里兰卡、俄罗斯、巴西、乌干达、坦桑尼亚等国均有分布。

2.症状

茶白星病主要在嫩叶、嫩芽、幼茎上发生,尤以嫩芽及嫩叶为多。发病初期,叶面呈现红褐色针头状小点,边缘为淡黄色半透明晕圈,逐渐扩大后病斑变为直径为0.8~2.0毫米的圆形小斑,中间呈红褐色,边缘有暗褐色稍凸起的线纹,病健分界较明显(图1-1)。成熟病斑中央呈灰白色,其上散生黑色小粒点。病叶上病斑数不定,少则十几个,多则上百个,病斑多时可愈合形成不规则形大斑。随着病情发展,叶片生长不良,叶质变脆,病叶会随采摘振动而脱落。新梢上病斑呈暗褐色,后渐变为圆形灰白

图1-1　茶白星病主要危害症状

色,病梢停止生长,节间显著缩短,百芽重减轻,对夹叶增多。病害严重时会导致病部以上组织全部枯死。

3.病原

茶白星病病菌为半知菌亚门叶点属真菌。病斑上小黑粒点是病菌的分生孢子器。分生孢子器呈球形或半球形,直径60~80微米,顶端有乳头状孔口(图1-2)。分生孢子呈椭圆形或卵圆形,无色,单细胞,大小为(3~5)微米×(2~3)微米。病菌菌丝体在2~25℃均可生长发育,但以18~25℃为适宜温度,28℃以上会停止生长。分生孢子在2~30℃均可萌发,但以16~22℃为适宜温度。

分生孢子

病斑放大

危害症状

分生孢子器

图1-2　茶白星病病原菌及其危害症状示意图

4.发病规律

茶白星病病原菌以菌丝体或分生孢子器在活体病叶组织中越冬,枯死病叶上的病原菌虽可越冬但活力较低。翌年春季,当气温在10℃以上

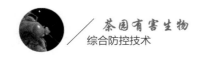

时病原菌即生长发育,产生分生孢子,通过风雨进行传播,在润湿条件下萌发并进行侵染。病原菌主要从茶树幼嫩组织的气孔或叶背茸毛基部细胞进入,2~5天即出现病斑。如果环境适宜,又可不断地产生分生孢子进行多次侵染,从而导致病害扩展蔓延。

该病属于低温高湿型病害,其发生与温度、湿度、降雨量、海拔、茶树品种、茶园生态环境均有一定的关系。茶园气温在10~30 ℃都可发病,但以20 ℃时最适宜。旬平均温度25 ℃、相对湿度在70%以下时则不利于发生。春季降雨多、初夏云雾大、日照短的茶园发病尤为严重。4—6月降雨量为200~250毫米,或旬降雨量为70~80毫米,病害通常会严重流行。山区茶园若遇3~5天连续阴雨,或日降雨量在40~50毫米,病害可能会暴发流行。此病在我国大多数茶区4月初嫩叶初展时即出现初期病斑,遇适温高湿病斑会大量形成,5—6月春茶采摘期发病最盛,7—8月病情会减轻,入秋后病情会依气候条件再次回升,但不及春茶期危害严重,以后病原菌进入越冬期。

5.防治方法

(1)农业防治。合理施肥,增施磷肥、钾肥,增强树势,提高抗病力,加强管理水平并适度采摘。

(2)加强田间管理。茶园应注意雨季开沟排水,及时清除茶园杂草以利通风透光,降低湿度,减轻发病率。

(3)合理修剪。新植茶园应选用优质抗病品种,冬春季节结合修剪进行病残枝叶的彻底清除,减少侵染的菌源。

(4)药剂防治。防治时期要重视早治。选用申嗪霉素、多抗霉素、武夷菌素、芽孢杆菌等非化学农药进行防治。在重病区,春茶萌动期喷药1次,必要时7~10天后再次喷药。或根据病情决定喷药频次。

二 茶饼病

1.分布与危害

茶饼病又名"叶肿病""疱状叶枯病",常发生在高海拔茶区,危害嫩叶、嫩梢、叶柄,是常见的茶树芽叶病害之一。我国南方产茶省份局部发生,以云南、贵州、四川3省的山区茶园发病较多,近年来在浙江、福建、湖北、海南、广西和安徽等省区亦有发现。茶饼病可直接影响茶叶产量,同时病叶制茶易碎,所制干茶苦涩,汤色浑暗,叶底花杂,碎片多,水浸出物茶多酚、氨基酸总量等指标均下降,影响茶叶品质。

2.症状

该病主要危害茶树幼嫩组织,从嫩芽、嫩叶、叶柄、幼茎、花蕾到幼果都可危害,以嫩叶嫩梢受害最为严重。发病初期,叶片正面常出现淡黄色或淡红色半透明小斑点,随后病斑逐渐扩大形成表面光滑并向下凹陷的圆斑,同时叶背隆起呈饼状,上着生白色粉末状物质;病斑直径为2.0~12.5毫米,病斑处肿胀,常导致叶片卷曲畸形。后期粉末消失,凸起部分萎缩成褐色枯斑,边缘有1个灰白色圈,似饼状。一片嫩叶上可形成多个疱状病斑,严重时有十几个。嫩芽或幼茎发病后,病斑常表现出轻微肿胀且发病幼茎常呈弯曲状肿大。发病严重时,整个茶园的嫩芽、嫩叶和幼茎布满白色疱状病斑,甚至整个茶蓬的发病嫩叶呈现焦枯状,并逐渐凋谢脱落(图1-3)。

3.病原

茶饼病病原菌属担子菌亚门外担菌属真菌。病部白色粉状物为病原菌的子实层。病原菌菌丝体在病斑叶肉细胞间生长,无色,有性繁殖产生无数担子,丛集形成子实层(图1-4)。担子呈圆筒形或棍棒形,顶端稍圆,

图1-3 茶饼病不同发病时期危害症状

向基部渐细,无色,单细胞,大小为(30~50)微米×(3.0~5.0)微米,顶生2~4
个小梗,担孢子着生在小梗上。担孢子呈肾脏形或长椭圆形,间或有纺锤
形,无色透明,大小为(11~14)微米×(3~5)微米;担孢子易脱落,萌发时可
形成1个隔膜,双细胞担孢子易飞散,萌发并侵染叶片。该病病原菌未
发现无性繁殖阶段。

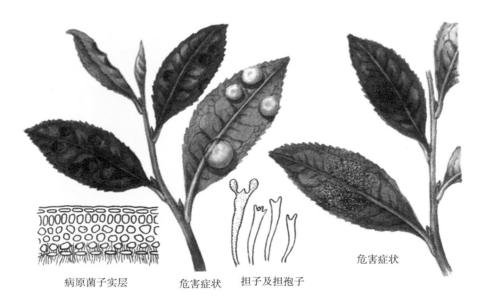

病原菌子实层　　　危害症状　　担子及担孢子

危害症状

图1-4　茶饼病病原菌及其危害症状示意图

4.发病规律

茶饼病属于低温高湿型病害,一般在春茶期和秋茶期发病较重,而在夏季高温干旱季节发病较轻;丘陵、平地地区的郁闭茶园,在多雨情况下发病较重;多雾的高山、高湿凹地及露水不易干燥的茶园发病早且严重。茶饼病的菌丝体潜伏于病叶的活组织中越冬和越夏。翌年春季或秋季,当气温为15~20℃、相对湿度高于85%时,菌丝体开始生长发育,产生担孢子。成熟的担孢子释放后经风雨传播,在合适条件下萌发并形成芽管,经叶片表皮侵入细胞组织进行初次侵染,3~18天后可产生病斑,然后在病斑表面形成子实层。该过程中形成的担孢子成熟后会再次传播侵染,1年中可发生10多次再侵染,导致病害的暴发流行。

茶饼病在西南茶区一般在每年的2—4月开始发病,7—11月进入发病盛期,11月以后逐渐停止;在华东和华南地区,一般5—7月开始发病,9—

11月进入发病盛期;在海南一般11月至翌年2月进入发病盛期。

此外,不同茶树品种对茶饼病的抗性不同,一般小叶种抗性强于大叶种。管理粗放、施肥不科学、采摘修剪不合理的茶园,通常发病较为严重。

5.防治方法

(1)植物检疫。茶饼病主要依靠苗木的调运进行远距离传播。因此,要严格执行检疫制度,禁止从病区调运带病苗木。

(2)农业防治。勤除茶园杂草,以利通风透光,减小荫蔽程度,降低湿度,可减轻发病。合理施肥,适当增施磷肥、钾肥,增强树势,可提高茶树抗病性。

(3)摘除病叶。茶饼病病原菌是典型的活体营养型真菌,病叶摘除后会干枯,致病菌也会丧失活力。因此,彻底摘除病叶和带病的新梢,可以减少再次侵染的菌源。

(4)合理修剪。选择合适的修剪时机,使新梢抽生时避开病害发生期;及时清除茶树上的病叶,可以有效减少病原菌基数。

(5)药剂防治。一般在病害发生初期喷施植物精油类杀菌剂1~2次,或者在非生产季节喷施石硫合剂或波尔多液进行预防。

三 茶炭疽病

1.分布与危害

茶炭疽病在全球茶区均有发生,是茶树成叶部位的常见病害之一。茶树感染茶炭疽病会出现大量焦枯病叶,发病严重时可引起大量落叶,影响茶树生长势和茶叶产量。除茶树外,该病还危害山茶、油茶、檫树等植物。在日本,茶炭疽病与茶网饼病、茶白星病一起并称为"茶园三大病害"。该病在我国产茶区也普遍发生,在浙江、安徽、湖南、云南和四川等省份均有报道,条件适宜的年份发病较为严重。

2.症状

茶炭疽病主要危害当年生的成叶,老叶和嫩叶上也偶有发生。一般从叶片的边缘或叶尖开始发病,初期为浅绿色病斑,具有水渍状,迎光看病斑呈现半透明状,后水渍状逐渐扩大,仅边缘半透明,且范围逐渐减小,直至消失。后期病斑颜色渐转为黄褐色,最后变为灰白色,病健分界十分明显。成形的病斑常以叶片中脉为界,后期会在病斑正面散生许多细小的黑色粒点,这是病菌的分生孢子盘。早春在老叶上可见到黄褐色的病斑,其上有黑色小粒点,这是越冬的后期病斑;还可见到扩展后的呈水渍状的中期病斑(图1-5)。茶炭疽病危害后的病叶质较脆、易破碎,也易脱落。在发病严重的茶园,可引起大量落叶。茶园中残留的两种病叶均是初侵染源。

图1-5 茶炭疽病不同发病时期危害症状

3.病原

茶炭疽病病原菌属半知菌亚门盘长孢属真菌。病原菌的分生孢子盘为黑色,呈圆形,直径71~143微米,初埋生于表皮下,后期突破表皮外露。分生孢子盘内有许多分生孢子梗,无色,单细胞,顶端着生分生孢子;分生孢子为单细胞,无色,两端稍尖,呈纺锤形,大小为(4~5)微米×(1~2)微米,内有1~2个油球。病原菌在PDA培养基上生长良好,菌丝体发育适宜温度为25 ℃,最高可发育温度为32 ℃。孢子萌发的最适宜温度为25 ℃。

4.发病规律

茶炭疽病病原菌以菌丝体在病叶组织中越冬,翌年春季,当气温上升为20 ℃以上、相对湿度为80%以上时,在适宜的条件下菌丝体可形成分生孢子,分生孢子借助雨水飞溅分散传播。病原菌多从嫩叶侵入,潜育期较长,从分生孢子附着到形成大型红褐色病斑一般需要15~30 天。一般多在嫩叶期从伤口组织侵入,在成叶期才出现症状(图1-6)。温湿度是影响茶炭疽病发生的最重要的气候因素,春夏之交及秋季雨水较多的季节,茶

分生孢子

分生孢子盘

危害症状

图1-6 茶炭疽病病原菌及其危害症状示意图

炭疽病发生较严重。分生孢子入侵和菌丝在茶叶中生长扩展均与环境温度、湿度关系密切,同时也与茶树本身的生长状态和抗性息息相关。

茶炭疽病属于高湿型病害,对温度要求较高。当温度为20~30 ℃时,病害较易发生和发展,以25 ℃最为适宜。高湿条件下也容易发病,相对湿度在90%以上时最利于分生孢子的萌发和侵染。凡是早晨露水不易干的茶园,或是阴雨连绵的季节,叶面水膜维持时间久、茶树持嫩性强的茶园最易发生此病害。该病在高山茶区发生较严重。全年以梅雨季节和秋雨季节发生最盛。扦插茶园、台刈茶园,叶片幼嫩、水分含量高,较易发病。偏施氮肥的茶园发病也较为严重。

茶炭疽病的发生程度与初侵染源关系密切。一般来说,头一年发病较严重的茶园,翌年春季病害发生相对也较严重。据调查,一般秋季茶园病叶率在50%~80%时,经冬季落叶,越冬后仍有20%~50%的病叶残留在树上,并形成子实体,成为初侵染源。采摘不规范,茶树上留养的幼嫩芽叶多,也较容易发病,特别是秋季茶园,如留养的嫩叶多,会导致越冬病叶的增多,为翌年病害流行创造了有利条件。因此,我们可以根据当年秋季病害的发生程度来预测翌年病害的发生程度。不同的茶树品种,其抗性差异也较显著,一般角质层薄、叶片软,第一层栅栏组织稀疏、第二层不齐,叶面平展、叶色浅的品种发病较严重。

5.防治方法

(1)农业防治。注意田间管理,秋冬季将落在土表的病叶埋入土中;合理施肥,适当增施磷肥和钾肥,以增强树势,提高茶树抗病性。

(2)合理修剪。剪除病叶并及时清理,可减少翌年病原菌的来源。针对连年发病严重的老茶园,可在春茶后采取台刈更新的办法来防治,将台刈下来的枝叶和地面落叶清出茶园并烧毁。

（3）选择抗病品种。发展新茶园时，要注意选用抗病品种。

（4）药剂防治。药剂防治的关键时期有两个：一是在春茶结束后至夏茶萌芽期间，二是夏季干旱结束后至秋茶雨季开始前。在这两个时期适时喷药是药剂防治取得良好效果的关键。此外，秋冬季节采用矿物油或石硫合剂封园，对抑制来年病害的发生和发展也十分有益。

四　茶云纹叶枯病

1.分布与危害

茶云纹叶枯病是茶园常见的一种叶部病害，分布很广。病害发生严重的茶园呈成片枯褐色，叶片早期即脱落，幼龄茶树则可能会整株枯死。茶云纹叶枯病在树势衰弱和台刈后的茶园发生较为严重，特别是丘陵地区植被少、土地贫瘠的茶园发生就更严重，对茶树生长发育影响较大。

2.症状

该病主要危害老叶和成叶，嫩叶、果实、枝条上也有发生。病斑多发生在叶尖、叶缘，呈半圆形或不规则形，初为黄褐色，具有水渍状，后转为褐色、灰白相间的云纹状，最后形成半圆形、近圆形或不规则形，且初具不明显轮纹的病斑上呈现波状轮纹，形似云纹。最后病斑由中央向外变灰白色，通常在病斑的正面散生或轮生许多黑色的小粒点，这是病原菌的子实体。成叶及老叶上的病斑很大，可扩展至叶片总面积的四分之三，且此时会出现大量的落叶；嫩叶、嫩芽发病后，会产生褐色圆形病斑，并逐渐扩大至全叶，后期叶片卷曲，组织死亡；嫩枝发病后，会出现灰色斑块，渐枯死，可向下扩展至木质化的茎部；果实上的病斑常为黄褐色，最后变为灰色，其上常着生黑色小粒点，有时病斑会开裂（图1-7）。

图1-7 茶云纹叶枯病危害症状

3.病原

茶云纹叶枯病的病原菌属子囊菌亚门球座菌属,其无性阶段属半知菌亚门刺盘孢属。病斑上的小黑点是病原菌的分生孢子盘,生于叶片的表皮下,孢子成熟时,突破表皮外露,并释放大量的分生孢子。分生孢子呈长椭圆形或圆筒形,两端圆或略弯,无色,单细胞(图1-8)。

4.发病规律

茶云纹叶枯病病原菌以菌丝体、分生孢子盘或子囊果在病叶组织及病残体中越冬(图1-9)。病残体中病原菌存活期长短常取决于枯枝落叶的腐烂速度。如果落叶早,再遇秋季多雨、温度偏高,残体腐烂较快,病原菌存活期就较短,成为翌春初侵染源的可能性不大。埋于土中的病叶易腐烂,病原菌也极易死亡。茶树上残留的病叶是翌春最主要的初侵染源。

分生孢子

分生孢子盘

子囊果及子囊

危害症状

图1-8　茶云纹叶枯病病原菌及其危害症状示意图

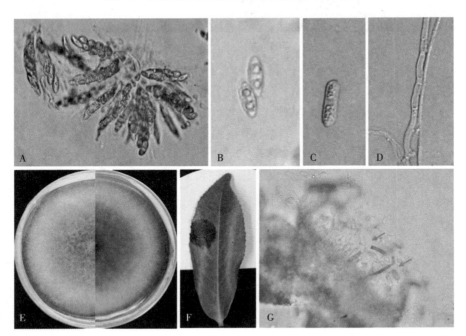

图1-9　茶云纹叶枯病病原菌形态特征及危害症状

A—子囊果；B—子囊孢子；C—分生孢子；D—菌丝；E—PDA培养基生长7天的菌落正反面形态；

F—接种茶树叶片5天症状；G—分生孢子盘，蓝色箭头为刚毛

当温湿度适宜时,病叶上的分生孢子盘产生分生孢子,借助风雨和露滴在茶树叶片间传播。分生孢子在健康叶片表面的水滴或水膜中萌发,长出芽管,从叶表的伤口、自然孔口侵入;亦可穿透角质层直接侵入,直接侵入可能是病原菌分泌相关的酶和对叶表施加机械压力共同作用的结果。病原菌侵入后,一般经5~18天被侵染部位就会出现病斑。继后,病原斑上又会产生分生孢子,进行新一轮的侵染。在茶树的一个生长季节里,病原菌能进行多次侵染。我国南方冬季气温较高,病原菌无明显的越冬现象,分生孢子可全年产生,周年侵染;从北方茶区病叶的石蜡切片中发现以子囊壳越冬的现象,但是在病原菌的侵染循环中子囊壳的作用可能远不及分生孢子盘和菌丝体。

该病属于高温高湿型病害,每年8月下旬至9月上旬为发病盛期。地下水位高、排水不良、肥料不足的茶园较易发生此病,茶树受冻、受旱或受夏季阳光直射形成灼斑后都易发生此病。不同茶树品种其抗性差异明显,云南大叶种、凤凰水仙等品种易感病。在一定的温度范围内,病原菌生长发育会随着温度的升高而加速,潜育期缩短,病害流行速度加快。高湿多雨有利于孢子的形成、释放、传播、萌发和侵染,所以,降雨和高湿利于病害的发生和发展。当旬平均气温大于或等于26 ℃、平均相对湿度大于80%时,如遇大面积感病品种,病害往往容易流行。从皖南、苏南等地茶园的发病情况来看,春季病原菌往往在较嫩的叶片上实现侵染,但明显症状却表现在成叶及老叶上, 一般高峰期出现在8月下旬至9月中下旬。湖南分别在5—6月、9—10月出现两个发病高峰期。我国南方茶区在7—8月常会遭台风袭击,导致茶树叶片上伤口较多,利于病原菌的侵染,此时期为病害发生的高峰期。

5.防治方法

(1)农业防治。加强茶园管理,在秋茶结束后进行一次深中耕,结合中

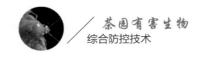

耕将病叶埋入土壤。

（2）合理修剪。剪除病叶并及时清理，可减少翌年病原菌的来源；早春修剪茶园后，要将枯枝落叶清理出茶园并烧毁，以减少初侵染源。

（3）合理施肥。有条件的茶区，结合秋耕增施有机肥料，以提高茶树抗性，改善土壤结构，促进茶树根系的发育。

（4）选用抗病品种。不同茶树品种的抗性差异显著，各茶区应结合本地区的特点，选用适合本地区的高产优质、抗性强的品种。

（5）药剂防治。病情较严重的茶区或茶园应进行药剂防治。在春茶结束后至夏茶采摘期前（5月下旬至6月上旬）进行第一次喷药；幼龄茶树在6月份气温上升时，常出现叶片枯焦现象，此时必须进行喷药防治；7—8月高温干旱季节，叶片大量干枯，当出现有利于病情发展的气候条件（即旬平均气温大于28 ℃、降雨量大于40毫米、相对湿度大于80%）时，应立即喷药防治。以后视病情发展趋势来确定喷药频次。全年一般喷药2~3次。

五 茶轮斑病

1.分布与危害

茶轮斑病是我国茶区常见的成叶、老叶病害之一，在各大产茶区都有分布。该病在世界各主要产茶国家均有发生。受危害叶片会大量脱落，严重时会引起枯梢，致使树势衰弱，产量下降。

2.症状

茶轮斑病主要危害成叶和老叶，但也会危害芽梢，引起大量落叶。该病病原菌从伤口侵入茶树组织产生新病斑，在高温高湿季节危害性更大。该病常从叶尖或叶缘上开始发病，逐渐扩展为圆形、椭圆形或不规则形褐色大病斑，成叶和老叶上的病斑具有明显的同心轮纹。成叶和老叶上发病较多,且病叶上的初期病斑很小,边缘呈褐色,与茶云纹叶枯病、茶炭疽病等其他叶部病害的初期症状较难区别。以后病斑直径逐渐扩大为1厘米左右或更大,病斑通常为圆形或椭圆形,边缘呈浅褐色至褐色,中间为灰色,病斑较大。发病后期病斑中间变成灰白色,病斑正面可见到明显的同心轮纹。在气候潮湿的条件下可以形成墨汁状的小点,小点沿同心轮纹排列。病斑边缘常有褐色隆起线,且病健部位分界较明显。

3.病原

茶轮斑病病原菌属半知菌亚门拟盘多毛孢菌属真菌。近年来相关研究表明,茶假拟盘多毛孢、新拟盘多毛孢等拟盘多毛孢属真菌均会侵染茶树导致茶轮斑病的发生。病斑上的小黑点是病原菌的分生孢子盘,在病斑上常呈轮纹状排列,或散生在病斑上。分生孢子梗在子座上形成,无色,呈圆柱形或倒卵形,有层出现象。分生孢子呈纺锤形,很少弯曲,有4个分隔、5个细胞,分隔处有缢缩,中间3个细胞呈褐色,两端2个细胞无色。孢子顶端有2~3根附属丝,其顶端膨大呈球形,无色透明(图1-10)。茶

分生孢子

危害症状

分生孢子盘

图1-10 茶轮斑病病原菌及其危害症状示意图

轮斑病的分生孢子比云纹叶枯病的分生孢子要大得多，加上有附属丝，在显微镜下很容易辨识。茶轮斑病病原菌在PDA培养基上的菌丝体呈无色，有白色气生菌丝，菌丝层上形成分生孢子盘，并产生墨绿色的孢子堆。菌落上的分生孢子盘多呈同心轮纹状排列。光照是分生孢子盘及分生孢子形成的必不可少的条件，只有在直接接受光照刺激的部位才能形成。

4.发病规律

茶轮斑病病原菌属于死体寄生菌，为弱寄生菌，常侵害损伤组织和衰弱的茶树。病原菌孢子主要从叶片的伤口处（如采摘、修剪、机采的伤口及害虫危害部位）侵入，病原菌对无伤口的叶片一般无致病性。排水不良、扦插苗圃或密植茶园易发病。病原菌以菌丝体或分生孢子盘在带病组织中越冬，翌春环境条件适宜时，产生分生孢子，萌发引起初侵染（图1-11）。

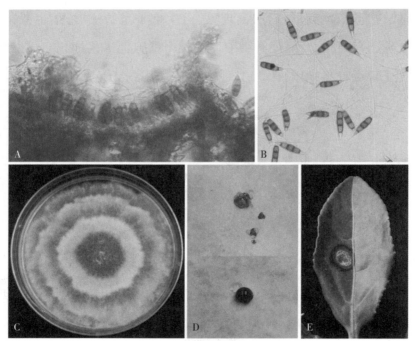

图1-11 茶轮斑病病原菌形态特征及危害症状
A—分生孢子盘；B—分生孢子；C—PDA培养基生长15天的菌落形态；
D—孢子堆；E—接种茶树叶片5天症状

孢子萌发后主要从伤口处侵入,菌丝体在叶片细胞间隙蔓延,经1~2周后就可产生病斑。新病斑上又产生分生孢子盘和分生孢子,孢子成熟后通过雨水溅滴等方式传播,进行多次侵染。

茶轮斑病是一种高温高湿型病害。28 ℃左右最适合病原菌生长,温度低于18 ℃时病原菌不会形成分生孢子。夏秋季高温高湿利于该病的发生和发展(图1–12)。皖南、苏南等茶区茶轮斑病的发病高峰期常出现在夏秋季。高湿度条件利于孢子的形成和传播,进入9月份,小雨不断,若温度较常年偏高,病害仍有蔓延的趋势。不同茶树品种其抗性差异显著。云南大叶种、凤凰水仙、湘波绿等大叶种比龙井长叶、毛蟹、藤茶和福鼎等中小叶种较易感病。

图1–12　茶轮斑病危害症状

5.防治方法

管理粗放、施肥不当或肥料不足、土壤板结、排水不良、树势衰弱的茶园发病往往较严重。一些人为管理措施可能会加重病害,特别是采摘、修剪造成的大量伤口,为病原菌的侵入提供了便捷的途径。具体防治方案可参考茶云纹叶枯病防治方案。

（六）茶煤病

1.分布与危害

茶煤病是茶树常见病害之一,我国各产茶区均有发病记录。世界各主要产茶国也都有该病发生。茶煤病的发生可严重影响茶树的光合作用,引起树势衰老,芽叶生长受阻;同时,由于受病菌的严重污染,茶叶品质和产量也受到极大影响。

2.症状

茶煤病主要发生在茶树中下部的成叶、老叶上,嫩芽、嫩梢也会发生。发病初期叶片正面会出现黑色圆形或不规则形的小斑,后逐渐扩大,严重时黑色煤粉状物会覆盖全叶,甚至向上蔓延至幼嫩枝梢芽叶上,后期在霉层上簇生黑色短绒毛状物,发病严重的茶园,远看一片乌黑,树势极度衰弱(图1-13)。茶煤病的种类较多,不同种类表现出的霉层颜色深浅、厚度及紧密度各不相同。常见的浓色茶煤病的霉层厚而疏松,后期生黑色短刺毛状物。茶煤病可借助黑刺粉虱、介壳虫或蚜虫等的活动进行传播。在低温潮湿条件下及虫害发生严重的茶园,均易发病。

3.病原

茶煤病病原菌属子囊菌亚门真菌,菌丝呈褐色,有分隔。星状分生孢子一般有3~4个分叉,每个分叉有2~4个分隔,尖端钝圆。子囊座纵长,单

图1-13 茶煤病危害症状

一或有分枝,顶端膨大呈球形,黑色,直径39~72微米;内生很多子囊,子囊呈棍棒状或卵形,每个子囊内有8个子囊孢子,在子囊内呈立体排列。子囊孢子初期无色,单细胞,后期变为褐色,有3个分隔,呈椭圆形或梭形。分生孢子器常和子囊果混生,具有长柄。分生孢子呈椭圆形或近似球形,无色,单细胞(图1-14)。

星状分生孢子

分生孢子器

子囊和子囊孢子

子囊孢子

危害症状

图1-14 茶煤病病原菌及其危害症状示意图

4.发病规律

病原菌以菌丝体、分生孢子器或子囊果在病叶中越冬,翌年春天环境条件适宜时,产生分生孢子或子囊孢子,随风雨传播,以粉虱、蚜虫和介壳虫类的分泌物为养料生长繁殖,并会再次产生各种孢子,孢子又随风雨或借助昆虫活动传播,引起再次侵染。

粉虱、蚜虫和介壳虫类的分泌物是茶煤病病原菌的营养物质,这些害虫的出现是茶煤病发生的先决条件。病害发生的轻重与害虫数量的多少紧密相关,且病叶上霉层颜色及厚薄均随害虫种类、分泌物多少而异,一般不深入寄主组织,只营腐生生活。如1991年湖北英山部分高山茶园由于红蜡介壳虫的大发生,茶煤病大流行,发病严重的茶园几乎无幼嫩芽叶。

5.防治方法

(1)加强茶园害虫防治,控制粉虱、介壳虫类和蚜虫,是预防茶煤病的根本措施。

(2)加强茶园管理,适当修剪,以利通风,增强树势,可减轻病虫害。

(3)加强茶园管理,尤其要注意合理施肥,适当修剪,勤除杂草,增强树势。

(4)茶煤病发生严重的茶园,可于当年深秋采用石硫合剂封园防治介壳虫和黑刺粉虱等害虫,同时也能有效地阻止或减轻来年茶煤病的发生。

(七) 茶圆赤星病

1.分布与危害

茶圆赤星病是茶树常见病害之一,我国各产茶区均有发病记录,尤以新茶园或高山茶园发病较多。其主要危害嫩叶和成叶,幼茎、叶柄上也有发生。茶树发病后生长不良,茶叶细小,产量与品质均受到较大影响。

2.症状

叶片感病主要见于早春鱼叶或第1叶上,病部初生褐色小点,以后逐渐扩大成灰圆形病斑,大小为0.8~3.5毫米,中央凹陷,呈灰白色。病斑边缘具有暗褐色或紫褐色隆起线,中央呈红褐色,后期病斑中间散生黑色小点,即病原菌的菌丝块;湿度大时,上生灰色霉层,即病原菌的子实层。叶柄、嫩梢染病会产生类似的症状(图1-15)。一片叶上病斑数从几个到数十个,愈合成不规则形大斑,并蔓延及叶柄、嫩梢,引起大量落叶。感病叶片发育过程中,遇到雨水会形成小孔,有茶农误认为是虫害。

图1-15 茶圆赤星病危害症状

嫩叶感病后叶片生长受阻,常呈歪斜状;而成叶感病后,叶形不变。有时嫩梢、叶柄亦会感病形成红褐色至黑褐色斑点,严重时会造成枯梢和落叶。该病与茶白星病症状极为相似,但茶白星病病斑后期呈灰白色,湿度大时病部不会形成灰色霉点,而是形成稀疏的小黑粒点;此外,茶白星病大多在高山茶区发生,而茶圆赤星病常在低海拔的丘陵茶园发生。

3.病原

茶圆赤星病病原菌属半知菌亚门尾孢属真菌。病斑上的灰色霉状小点即为病原菌的分生孢子梗丛。病斑上的小黑点是病原菌的分生孢子盘,分生孢子梗着生在球状子座上,子座呈深褐色,分生孢子梗丛生,细而短,无分隔,大小为(12~30)微米×(3~4)微米。分生孢子呈鞭状,着生于梗的顶端,无色或灰色,由基部向顶端渐细,略有弯曲,有3~7个分隔,大小为(56~116)微米×(2.6~3.5)微米(图1-16)。

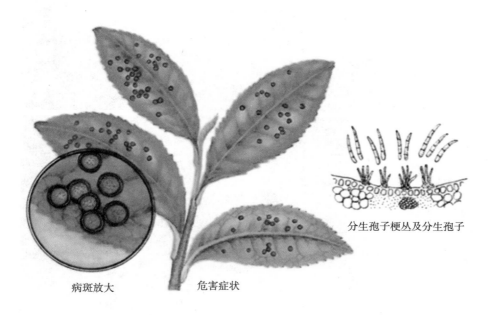

病斑放大 危害症状

分生孢子梗丛及分生孢子

图1-16 茶圆赤星病病原菌及其危害症状示意图

4.发病规律

茶圆赤星病病原菌以菌丝块在茶树的病叶上越冬,翌年春季气候条件适宜,春茶芽萌发抽生新叶时,会产生分生孢子,借风雨飞溅传播,侵染早春茶嫩叶。侵染危害形成病斑以后,新病斑上又不断地形成新的分生孢子,进行多次侵染造成病害流行。凡日照短、阴湿雾大的茶园,以及土层浅、茶树生长弱的茶园或茶苗过于柔嫩的茶园都较易发病。年际发病轻重不同,品种间亦有明显的抗性差异。

茶圆赤星病是一种低温高湿型病害。温度在16~23 ℃、相对湿度80%以上时最易发病。全年以4月中下旬至5月上旬发病较多,春季、秋季多雨天气也较易发病。春季新梢上以鱼叶和第1片真叶发生为多。整株茶树下部叶较上部叶发生多,幼龄树较成龄树、老龄树发生多。特别是高山多雾阴湿的茶园发生较严重。管理粗放、肥料不足、土层较浅的茶园易发病,降水量较多而日照少的茶园以及采摘过度的茶园也易于发病。

5.防治方法

(1)农业防治。土壤过分贫瘠或施肥不足,管理水平低,采摘过度的茶园均易发病严重。应合理施肥,增施磷肥、钾肥,增强树势,提高抗病性。

(2)加强茶园管理。应注意在雨季开沟排水,降低茶园相对湿度。及时清除茶园及其周围杂草,以利通风透光,减小荫蔽程度,降低湿度,可减轻发病。

(3)科学清园。为了减少侵染来源,降低茶圆赤星病的发病概率,可在冬季进行修剪,将茶树上的残枝、病枝、弱枝,以及病叶落叶、茶园杂草等,都集中清除出茶园之后再进行烧毁处理,将病残枝叶彻底清除,减少再次侵染的病菌源。

(4)合理修剪。在适当的时候对茶园进行修剪,这样不仅可以改善茶

园的通风透光条件,还能在清除严重病株的同时降低茶园内的湿度。

（5）选种抗病品种。不同的茶树品种,其抗性差异非常明显,新植茶园应选用抗病优质品种,防止病害发生。

（6）药剂防治。防治时期更要重视早治,在春季采摘前,或者是早春、晚秋发病的初期,可选择多抗霉素等非化学农药进行防治。

▶ 第四节　传染性病害的侵染循环

侵染循环是指病害从一个生长季节开始发生,到下一个生长季节再度发生的过程。它是病害防治研究的中心问题。传染性病害的侵染循环主要包括三个方面:病原物的越冬和越夏,病害的初侵染和再侵染以及病原物的传播方式。

一　病原物的越冬和越夏

当寄主植物成熟收获或进入休眠期后,病原物如何度过这段时期并引起寄主植物下一个生长季的病害发生,这就是病原物的越冬越夏问题。但是大部分植物都是在冬季休眠,加之冬季气温低,不利于病原物生长发育,因此病原物的越冬就显得更为重要。

病原物的越冬越夏形态依各类病原物而不同。如真菌以休眠菌丝体、休眠孢子或其他休眠结构体留存在各种场所越冬;细菌则以其菌体越冬;线虫可以老熟的幼虫、成虫或卵、卵囊进行越冬;病毒以自身的粒体在活的寄主体内或介体内越冬;寄生植物则以产生种子或以自身的植物体进行越冬。

病原物的越冬越夏场所，一般就是下一个生长季节病害发生的初次侵染源。了解病原物的越冬越夏形态和越冬越夏场所，并及时消灭这些病原物，对降低下一生长季节病害的严重程度具有很大的意义。病原物越冬越夏场所主要有以下几种。

1.田间病株或其他野生寄主

茶树及大多数园林植物均是多年生的。因此大多数病原物都能在感病植物的枝干、树皮、根部、鳞芽及叶片等组织内潜伏越冬，成为下一生长季节的初侵染源。如茶云纹叶枯病菌、茶枝梢黑点病菌、茶根结线虫等都是以田间病株为主要越冬场所的。另外，许多病毒和一些细菌、真菌，它们的寄主范围广，除栽培作物外，还有许多野生寄主可以作为其越冬越夏的场所。如黄瓜花叶病毒可通过虫媒传染到田间多种杂草植物上，并在其下部土壤越冬，第二年又从越冬杂草上通过蚜虫传到黄瓜上进行危害。对于转主寄生的病菌，还应注意对转主寄生病原物的清除。

2.种子、苗木及其他繁殖材料

不少病原物可以潜伏在苗木及其他繁殖材料内或附着在其表面越冬。当使用这些繁殖材料时，植株不但会发病，而且成为田间病害的发生中心。这类病害还可随苗木、繁殖材料的调运传入新区，如柑橘黄龙病及各类苗木上的线虫病害等。种子带菌多发生在蔬菜作物和草本花卉上，有混杂于种子中的，有附着在种子表面的，也有寄生在种子内的病菌、细菌。了解种子的带菌情况，对于播种前进行种子处理具有实践意义。

3.土壤

土壤是多种病原物越冬越夏的主要场所。病株上或病株残体上的病原物都很容易掉落在土壤里成为下一生长季节的侵染源。

有些病原物以休眠或休眠结构在土壤中越冬越夏，如鞭毛菌产生的卵孢子，子囊菌产生的菌核，黑粉菌的冬孢子，半知菌产生各种无性繁殖体及菌核、菌索、厚垣孢子以及线虫形成的孢囊等。这些病原物一般在土壤温度低且较干燥时保持休眠状态，存活的时间也较长；若土壤温度高、湿度大，病原物存活的时间就会缩短。如白菜菌核病病原菌的菌核，在土壤干燥的环境下可存活一年以上；若土壤湿度大，几个月就会腐烂死亡。

除真菌的休眠器官外，许多真菌和细菌还可以腐生方式在土壤中营腐生生活。一些在病残体上营腐生生活的病菌，若病残体分解腐烂，病原物也逐渐死亡，此类称"土壤寄居菌"。它们对土壤中拮抗微生物比较敏感，因此在土壤中寄居的期限决定于病残体的分解腐烂速度。大部分的病原真菌和细菌属于此类。另外，土壤栖居菌能单独在土壤中生活，适应性强，并且能够进行繁殖，是多种土传病害的病原菌，如腐霉菌、疫霉菌、镰刀菌以及假单胞杆菌属的青枯病菌都能在土壤中存活多年。

针对这些在土壤中越冬越夏的病原物，可以根据各自的情况，采用轮作、土壤消毒、杜绝病菌的传入及有效利用土壤中拮抗微生物改变土壤环境条件等方式进行病害的控制。

4.病株残体

绝大多数非专性寄生的真菌、细菌都能在感病寄主植物的枯枝、落叶、落果、残根等组织中存活，其中也包括部分病毒。如烟草花叶病毒可在干燥的烟叶内存活30年且仍具有侵染能力。因此，在作物收获或进入休眠期后，要进行田园清洁，把留在地面上或寄主上的病残体集中烧毁或堆制肥料。园地还可进行深翻，将部分混入土面的病残体埋于土中加速分解，这些措施都有利于侵染源的减少和消灭。

5.肥料

不少病原物可随病残体或休眠组织混入各类肥料中。若农家肥未充分腐熟,病原物又会随肥料被带到田间成为初侵染源。所以在施用各类农家肥时,必须充分腐熟后再施用,以防止病原物在田间造成危害。

除上述几种越冬越夏场所外,还有许多靠昆虫活动传播的持久性病毒,传毒昆虫往往成为这些病毒的越冬越夏"场所"。

二 病害的初侵染和再侵染

越冬越夏后的病原物,在寄主植物生长期进行的第一次侵染称为"初侵染"。在初侵染感病后的寄主植物病部产生的病原物再通过各种传播方式引起的侵染称为"再侵染"。在一个生长季节中,再侵染可能会发生多次,因此,传染性病害可根据有无再侵染分为以下两种类型。

1.多病程病害

多病程病害是指在作物生长季节发生初侵染后,还有多次再侵染过程发生的病害。这类病害只要环境适宜,可进行多次再侵染,且病程较短,田间病情发展快,因而易导致病害的流行。农作物上大多数病害都属于此类,如十字花科霜霉病、茶炭疽病、茶饼病以及各类白粉病等。

2.单病程病害

单病程病害是指在一个生长季节中,只有初侵染而没有再侵染或再侵染不严重的病害。单病程病害在田间发生的程度取决于初侵染量的多少,初侵染量大,病害发生较重;初侵染量小,病害发生较轻。单病程病害的病情较为稳定。茶枝梢黑点病、茶粗皮病等都为单病程病害。

以上两类病害的发生特点与其防治方法及防治效果都有联系。对于单病程病害,只要集中力量消灭初侵染源或防止初侵染的发生,就基本

可以控制。而多病程病害除消灭初侵染外,在寄主生长期还要根据田间病害发生情况和环境条件,采取各种有效措施进行防治,再侵染次数多的,防治次数也要相应增多,否则达不到防治效果。

三 病原物的传播方式

病原物在经过越冬越夏或在寄主感病部位产生各类繁殖体后,都必须通过主动或被动的力量使其达到新的感病点,这一过程称为"病原物传播"。病原物传播是联系病害侵染循环中各个环节的纽带。病原物的传播方式可分为主动传播和被动传播。

主动传播是病原物通过自身活动进行的,如有些真菌具有强烈放射孢子的能力,有些真菌菌丝和菌索在土壤中或在寄主体表生长蔓延,具有鞭毛的细菌和真菌游动孢子可在有水的情况下游动,线虫也可在土壤中或寄主体表进行蠕动,菟丝子可通过茎蔓的生长而蔓延,这些都是病原物所具有的一种生物学特性,但这种自身传播的范围是有限的。

被动传播是病原物靠自然因素和人为因素进行的。被动传播的效果远远大于病原物的主动传播效果,其传播方式主要有以下四种。

1.风力传播

风力传播是一种很重要的传播方式,许多真菌病害都由此方式进行传播。因为真菌产生的孢子个体小、数量多,成熟后又很容易脱落,一遇空气流动就会被传到远处,如霜霉菌的孢子囊、锈菌的夏孢子以及多种子囊菌和半知菌的分生孢子。风力传播的距离较远,范围也较大,在田间往往由一个或几个发病中心开始,随着一定的风力和风向而向周围扩散蔓延。风力传播的有效距离是由孢子的耐受力、风速、风向、温湿度以及光照等多种因素决定的。在作物病害传播方式中,风力传播是最普遍的一种方式。

2.雨水传播

雨水传播的距离不及风力传播远,但也十分普遍。植物病原细菌和部分真菌的孢子都可由雨水或随雨滴的飞溅而传播。同时雨水能使黏附菌脓的细菌菌体溶解分散,也可使部分黏附真菌孢子的胶质物溶解,从而有利于病原物的传播。雨水还可使鞭毛菌的游动孢子保持活动性,也可将寄主上部的病原物冲刷到下部或土壤中,或将土壤中的病菌反溅到靠近地面的寄主组织上。土壤中的病原物还会随雨天流水或灌溉水进行传播。

3.昆虫和其他生物的传播

在植物上取食和活动的昆虫也是传播病原物的介体,大多数的病毒、类菌原体和类立克次体以及少数的细菌与真菌都可由昆虫传播。

昆虫传播与病害的关系最为密切。其中主要传播昆虫有同翅目刺吸式口器的蚜虫、叶蝉,其次有木虱、粉介壳虫、蝽象、蓟马,还有叶甲、蝗虫和少数螨类等。此外,昆虫可以传播真菌、细菌病害,昆虫在植物上取食、产卵时造成的各种伤口为病原物的侵入创造了条件,导致病害发生。线虫也能传播部分病毒、细菌和真菌,造成病害的发生。鸟类传播桑寄生的种子、菟丝子种子也能造成病毒传播。

4.人为传播

人们在进行各种农业生产活动中,常常无意识地传播了病原物。如使用带有病原物的种子、苗木接穗及其他各种繁殖材料,将带有病原物的肥料施入田中,以及在各种农事操作过程中,如移栽、整枝、绑蔓、修剪、疏花、疏果、中耕、灌溉、嫁接、采收、刮树皮等,这些都可能传播各类病原物并使病害在田间扩展蔓延。以上这些都是人为地在当地近距离传播。

人们在调运种子、苗木,接穗以及进行农产品贸易中将病原物从一个

地区传播到另一个地区,这种传播为远距离传播。远距离传播可帮助病原物克服自然条件和地区条件的限制,造成了病区扩大或形成了新的病区。这种人为因素造成的远距离传播危险性较大。因此,加强植物检疫,选用健康无病的种子、苗木,施用腐熟的肥料以及改进各种耕作措施对控制此类病害的发生具有重要意义。

各种病原物的传播方式绝不是单一的,常常是一种病害具有多种传播方式。因此,弄清不同病原物的传播方式,分清主次,并采取相应应对措施,才能有效地控制病害的发生和蔓延。

第二章　茶树虫害基础知识及防治技术

我国产茶区分布广泛,茶园生态环境多样,害虫种类繁多,并具有一定的区域性特点。当前,我国不同茶园种植的茶树品种多样化,并有茶林套种、茶园间作绿肥等多样化茶园立体栽培方式,导致各地主要茶树害虫的种类并非固定不变。此外,由于人们对目标害虫重点关注和防治,对照时间和空间的转移,虫情也会发生变化,次要害虫可能上升为主要害虫,主要害虫也可能成为次要害虫,新的害虫也将不断出现。同时,防治采用的方法和策略的不科学性,也可能导致害虫抗性的产生及主要害虫的再次猖獗。因此,在防治上要注意综合采用农业防治、物理防治、生态防治、药剂防治等策略。防治过程中还应注意兼治,防止次要害虫的突然暴发,此外要随时注意和分析害虫发生新动向,争取主动、及时研判和调整害虫防治新方法与新策略。

植物营固着生活,经常会遭受多种植食性昆虫的危害。茶树作为一种重要的经济作物,也时刻面临茶园中主要害虫的危害。以茶树为代表的植物为保证生存和繁衍,在害虫危害的生存压力选择下,逐步进化并获得了包括组成抗性和诱导抗性在内的多种适应性生存策略。其中,组成抗性主要依赖于植物固有的物理防御和化学防御来影响植食性昆虫对寄主植物的选择、取食和产卵等。物理防御是植物经过漫长的自然选择之后形成的稳定的遗传变化,主要包括表皮毛、角质层及叶片组织厚度

等的变化,是植物抵御植食性昆虫危害的第一道防线,发挥着重要的作用。诱导抗性则是植物在遭受植食性昆虫侵害后所表现出的抗虫特性,在植物的自我保护过程中发挥着重要作用。一般来说,植食性昆虫危害可诱导植物产生有毒次生代谢物质或防御蛋白直接作用于害虫,从而导致害虫生长发育受阻,故称之为"直接抗性";也可诱导植物通过释放特异性的挥发物,吸引害虫的天敌前来捕食或者寄生,以此控制害虫的虫口密度,被称为"间接抗性"。

此外,茶园害虫取食茶树叶片也不完全会导致茶树生长异常与茶叶品质降低,通过科学的防控技术控制害虫取食程度,反而能提高茶树叶片的品质与茶叶的香气,进而提高茶叶产品的价格,增加经济效益。如东方美人茶,该茶的茶鲜叶被茶小绿叶蝉取食危害后,激发了茶树的诱导防御体系,诱导茶树叶片释放更多的挥发性香气物质,最终增加和丰富了茶产品的香气组成,提高了东方美人茶的香味与滋味,提升了茶产品的商业价值。因此,深入开展茶树害虫防治及应用方面的研究,识别、防治并合理地应用茶园相关害虫,对制定合理的茶树害虫生物防控策略、提升茶叶质量、增加茶区经济效益具有重要的研究价值和现实意义。

目前,我国有记载的茶树害虫和害螨种类已经超过800种,常见种类也有400余种。害虫危害除显著降低茶叶产量以外,还会降低茶叶品质,干扰正常农事活动。其中,约60%的害虫以茶树叶片或韧皮部汁液为食,严重影响茶叶的产量和品质。根据危害方式,危害茶树芽叶的害虫主要可分为吸汁性害虫和食叶性害虫两大类。

第一节　茶园吸汁性害虫及防治方法

吸汁性害虫一般具有刺吸式口器或锉吸式口器，以若虫和成虫将口器直接刺入茶树组织吸取汁液、破坏茶树维管组织，最终导致茶树芽梢枯萎，叶片脱落。茶园吸汁性害虫类群包括叶蝉类、蚜虫类、粉虱类、椿象类、蓟马类、蜡蝉类、介壳虫和螨类等。目前，茶小绿叶蝉、茶蚜、黑刺粉虱、绿盲蝽、茶棍蓟马、茶黄蓟马、八点广翅蜡蝉、茶橙瘿螨和茶跗线螨等是我国茶区常见的吸汁性害虫。

一　茶小绿叶蝉

1.生活习性及危害症状

茶小绿叶蝉属半翅目叶蝉科，具有刺吸式口器，是茶园常见的吸汁害虫，以成虫和若虫刺吸茶树汁液造成危害，阻碍营养物质的正常输送，导致芽叶失水、生长缓慢，产生焦边、焦叶，进而造成减产，严重危害了茶树的生长，且其发生面积正呈扩大趋势。茶小绿叶蝉主要以成虫、若虫刺吸茶树嫩梢汁液危害茶树嫩叶、嫩芽。成虫喜欢栖息在芽下2~3叶背面及嫩梢上。若虫大多栖息于嫩叶背面及幼茎上，以叶背面居多。1~2龄若虫活动性不强，3龄后行动迅速，善跳，有一定的趋光性。雌成虫产卵于嫩梢和幼茎内，并造成茶树机械损伤，致使茶树生长受阻，被害芽叶卷曲、硬化，叶尖、叶缘呈红褐色焦枯状。虫害严重时新叶会全部焦枯脱落，茶芽芽头瘦小，新梢细短，不仅严重影响茶叶产量，同时还会影响成茶品质，导致茶叶碎片多、涩味重(图2-1)。

图2-1　茶小绿叶蝉若虫、成虫及其危害症状

2.发生规律

茶小绿叶蝉一年发生10代左右，在低山产茶区一年发生12~13代,危害盛期为每年5—6月及9—10月;高山产茶区一般一年发生8~9代,危害

盛期为每年7—9月。以成虫在茶树、豆科植物及杂草上越冬。雌成虫多以产卵器刺入茶树嫩梢第2与第3叶间幼茎内产卵（散产于幼茎皮层和木质部之间，在茶褐色的枝条上不产卵），或产在叶脉、叶柄或叶肉组织中。雌成虫一般1个孔仅产1粒卵，春季产卵量多达32粒，夏秋季只产9~12粒。成虫产卵期为20多天，且成虫有陆续孕卵和分批产卵的习性，每日产卵1~2粒，致使世代重叠明显（图2-2）。

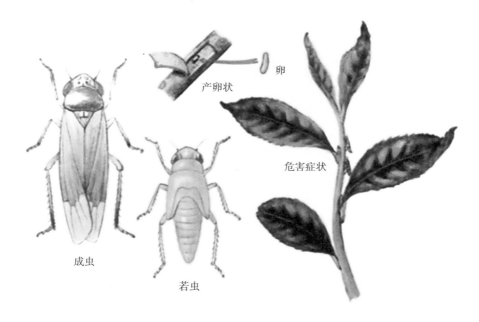

图2-2　茶小绿叶蝉不同虫态及危害示意图

3.防治方法

（1）生物防治。保护天敌（如寄生蜂、蜘蛛、螳螂、瓢虫等），发挥自然天敌的控制作用，达到抑制虫害的目的。

（2）农业防治。加强茶园管理，清除园间杂草，及时分批、多次采摘，可减少害虫产卵场所和有卵嫩梢，并恶化营养和繁殖条件，减轻危害，特别是采用机采或修剪方式，能有效降低茶小绿叶蝉的园间虫口密度。采用

光色诱杀,园间放置色板和安装诱虫灯,可诱杀部分成虫。

(3)药剂防治。发病严重茶园,越冬虫口基数大,应于11月下旬至翌年3月中旬,选择药剂防治,如矿物油、植物精油、印楝素、茶皂素、白僵菌、呋虫胺、茚虫威、联苯菊酯、虫螨腈、唑虫酰胺等,消灭越冬虫源。

(4)做好虫情预报。采摘季节根据虫情预报在若虫高峰前选用高效低毒的生物农药进行防治。

二 茶蚜

1.生活习性及危害症状

茶蚜又称"茶二叉蚜""可可蚜",俗称"蜜虫""腻虫",属半翅目蚜科,具有刺吸式口器。茶蚜是茶园中常见的刺吸性害虫之一。除危害茶树以外,茶蚜还会危害柑橘、柚、油茶、咖啡、可可、胡椒、腰果、荔枝、银杏、八角树等。茶蚜多聚于新梢叶背且常以芽下1叶、2叶最多,早春虫口以茶丛中下部嫩叶上较多,春暖后以蓬面芽叶上居多,炎夏锐减,秋季又增多。茶蚜一般群聚于茶树芽尖、叶背及幼茎上,以口针刺吸嫩叶汁液,使受害芽叶生长受阻,严重萎缩,导致生长停止,甚至芽梢枯死。其排泄物"蜜露"不仅招致霉菌寄生污染嫩梢形成黑色霉层,使叶、梢呈黑灰色,引发煤污病,同时还会影响茶树叶片的光合作用,阻碍茶树的生长,进而严重影响茶叶产量(图2-3)。

2.发生规律

茶蚜一年发生25代以上,世代重叠,一般以无翅孤雌蚜、老龄若虫、卵在茶树中下部的芽梢、叶腋间或叶背越冬,在广东等南方地区无明显的越冬现象。以成蚜、若蚜在茶树嫩叶背面和嫩梢上刺吸汁液危害,致使新梢发育不良,芽叶细弱、卷缩,严重时新梢无芽叶抽出。日温度在16~25 ℃,

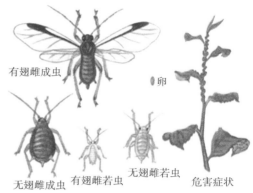

有翅雌成虫　　　卵

无翅雌成虫　有翅雌若虫　无翅雌若虫　危害症状

图2-3　茶蚜不同虫态及危害症状示意图

相对湿度在70%以上,晴天少雨的天气最适宜茶蚜发生,暴雨冲刷会导致茶蚜数量减少。全年以4—5月和9—10月为茶蚜发生的最适宜期,春季危害比秋季严重。茶园中刚萌动的嫩梢、未开采茶园的幼嫩芽梢是有翅茶蚜的主要危害对象(图2-4)。在江苏、浙江、安徽的产茶区,茶蚜种群发生动态与各轮茶芽的萌发规律一致。

图2-4　茶蚜危害症状

3.防治方法

（1）农业防治。及时分批、多次采摘;冬季结合修剪,剪除有卵枝或被害枝,减少越冬虫口基数。

（2）物理防治。茶园中悬挂黄色粘虫板,可诱杀部分有翅成蚜。

（3）生物防治。发展生态茶园,保护自然天敌,充分发挥茶蚜天敌(如瓢虫、食蚜蝇、草蛉、蚜小蜂等)的自然控制作用。

（4）药剂防治。部分发病较严重的茶园可选择药剂进行防治,如喷施吡虫啉、虫螨腈等高效低毒药剂,或者喷施植物精油、微生物菌剂进行防治。

三 黑刺粉虱

1.生活习性及危害症状

黑刺粉虱属半翅目粉虱科,具有刺吸式口器,分布比较广泛,是茶园中较常见的害虫之一,在我国各产茶区均有分布,局部产茶区危害严重,寄主植物除茶树以外,还有油茶和山茶等。黑刺粉虱以幼虫聚集在一些茶树嫩叶的背面,数量多的时候一小片茶叶上会有几百头,像叶片上长了虱子一样(图2-5)。茶树上黑刺粉虱以成虫和若虫群集在叶片(尤其是嫩叶)的背面刺吸取食汁液,叶片会因营养不良而发黄、提早脱落。因其繁殖比较快,短时间能建立较大种群形成危害,并分泌蜜露诱发煤污病,使茶树枝、叶、果受到污染,并会影响茶树叶片的光合作用,使被危害的枝叶发黑,严重时会大量落叶,致使树势衰弱,严重影响茶叶的产量和质量。

2.发生规律

黑刺粉虱一年发生4~6代,因地区不同而存在差异,世代重叠较严重,

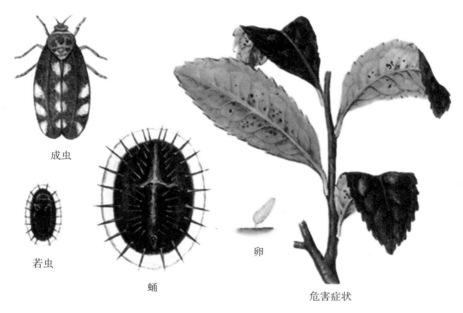

成虫　　　若虫　　　蛹　　　卵　　　危害症状

图2-5　茶树黑刺粉虱不同虫态及其危害症状示意图

以若虫或老熟幼虫在茶树叶背越冬,翌年3月化蛹,4月上中旬羽化。各代幼虫发生期分别为4月下旬至6月下旬、6月下旬至7月上旬、7月中旬至8月上旬和10月上旬至12月。成虫产卵于叶背,初孵若虫能活动后,即固定吸汁危害。1龄若虫有足,有一定的活动能力,卵孵化后停留数分钟,随后进行短距离爬行,在找到合适的场所后,用口针插入叶片组织内吸取汁液。若虫固定后就在虫体周围分泌白色蜡质物,形成白色蜡质边缘,并日渐变宽。黑刺粉虱一生蜕皮3次,蜕皮后均将皮留于体背上。除蜕皮的2龄若虫稍有移动外,若虫期大多固定寄生取食,即使环境不适也不再迁移。残留在叶背的蛹壳是各种害螨的越冬场所,因此有效防治黑刺粉虱可控制次年害螨的暴发。黑刺粉虱成虫常在树冠内活动,喜欢在幼嫩树叶上生活,飞翔能力不强;成虫羽化当天即可交尾产卵,多产在叶背,散生或密集成圆弧形,也可营孤雌生殖(图2-6)。

图2-6 黑刺粉虱不同虫态及其危害症状

3.防治方法

（1）农业防治。对茶树进行适当修剪,增加茶园通风透光度,抑制发病;加强茶园管理,经常进行中耕除草,清理茶园内的枯枝落叶和茶园周边其他寄主植物和杂草,改善园内和周边环境,减少黑刺粉虱的传播和越冬虫口基数。

（2）物理防治。利用黑刺粉虱有较强的趋黄性这一特性,选用黄板诱杀法进行田间监测和调查。黄板宜在黑刺粉虱成虫期使用,应悬挂在茶树上方,板与板之间应间隔一定距离,一般1公顷茶园挂225~300片,对黑刺粉虱的种群数量控制有很好的作用。

（3）生物防治。保护利用茶园中的寄生蜂、蜘蛛等自然天敌;喷施韦伯虫座孢菌菌粉,或者喷施植物源、矿物源精油。

（4）合理修剪。冬季剪除带病虫枝条,破坏黑刺粉虱越冬场所,降低春茶受危害程度。

（5）药剂防治。根据虫情预报于成虫盛发期在茶树中上部的叶背重点喷施触杀性药剂进行防治,注意务必喷湿叶背,以消灭成虫为主,将其扑杀于产卵初期,在每株有成虫两三头时即要进行防治。药剂防治法应注意科学使用,务必精细、均匀、周到,茶园行间、杂草上都要喷到,在蛹期尤其注意茶树中下部的成熟叶背和枝条等虫口密度大的地方要多喷,并注意药剂的安全间隔期,做到科学用药。

四 绿盲蝽

1.生活习性及危害症状

绿盲蝽属半翅目盲蝽科,具有刺吸式口器,是杂食性昆虫,除危害茶树外,其寄主植物主要还有棉花、葡萄、茶、豆类、花卉、蒿类、十字花科蔬菜等。绿盲蝽在我国产茶区均有分布,是茶园偶发性的吸汁类害虫,近年来在山东、江苏、湖北、陕西等省产茶区逐步发展成常见害虫之一。

绿盲蝽虽然也是吸汁类害虫,但与叶蝉、蚜虫、粉虱等害虫将口针插入植株筛管和导管直接吸取汁液方式不同,绿盲蝽是典型的细胞取食者,即将口针插入植物细胞间隙和细胞内部,然后通过口针剧烈活动撕碎植物细胞,同时向外分泌唾液,将要取食的细胞变成一种泥浆状物质,然后将其吸入体内,因此会在相应取食部位留下一个孔洞,形成坏死点。受危害嫩叶上会出现大量小黑点,随着受害芽叶继续生长,叶面呈现若

干不规则的孔洞,或叶缘残缺破烂,受害处边缘褪绿变黄、变厚,最后呈现"破叶疯"症状(图2-7)。

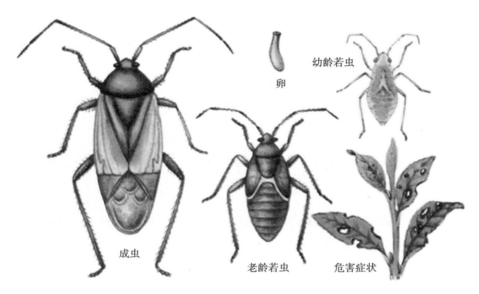

卵

幼龄若虫

成虫

老龄若虫

危害症状

图2-7　绿盲蝽不同虫态及危害症状示意图

2.发生规律

绿盲蝽是多寄主昆虫,在茶园生境中存在迁移性。已有的报道表明,各产茶区绿盲蝽一年发生4~6代不等,较为公认的是在秋季茶树开花期间(10月份前后),绿盲蝽成虫从茶园周边杂草等植物中回迁至茶树,取食、交配、产卵,以滞育卵在茶树枯腐的鸡爪枝、冬芽鳞片缝隙处或周边杂草上越冬。翌年春季,越冬卵随着气温上升超过10 ℃开始解除滞育,3月底至4月下旬开始孵化。初孵若虫会刺吸危害嫩芽,使嫩芽形成众多红点,继之枯竭变为褐色,随芽叶伸展形成"破叶疯"。若虫行动较敏捷,白天潜伏,夜晚爬到茶树嫩梢上取食危害。雌性成虫一生可多次交尾,卵散产。初孵若虫会就近取食嫩芽、嫩叶危害茶树。虫害严重时,春茶的产量和品质均会受到较大影响。第1代绿盲蝽整个若虫期为28~44天,一般为

34.5天;成虫期为7~30天。一般5月中下旬至6月上旬,第1代成虫陆续从茶园迁出,到周边杂草上生活。

绿盲蝽体形小,通体绿色,喜欢生活在隐蔽处。若虫行动活跃,一般于晨昏及阴天在茶树芽梢上活动危害,光照稍强即爬至茶丛内隐藏,受惊吓时会沿枝干向下迅速逃避。绿盲蝽具有明显的趋嫩习性,1头若虫在若虫期可以刺吸1 000多次,为了满足自身生长发育需要,会在附近不同茶芽间转移危害,使周边茶梢出现聚集危害现象。少量害虫即会造成严重损失(图2-8)。

图2-8　绿盲蝽若虫、成虫及危害症状

3.防治方法

（1）农业防治。彻底清园,在茶园冬季管理期或春茶开采前,集中处理茶园周边杂草,减少越冬虫卵。

（2）物理防治。在绿盲蝽迁移前期(9月底10月初,翌年5月中旬)放置诱虫色板或绿盲蝽性信息素诱捕器,诱杀迁移的绿盲蝽成虫。

（3）种植诱集植物。利用绿盲蝽偏好蜜源食物和喜食豆科植物的特性,于9月底10月初在茶园周边种植冬豌豆,诱导绿盲蝽将越冬卵产在豌豆上,减少茶树上的越冬虫卵基数。

（4）生物防治。保护并合理利用茶园中的寄生蜂、草蛉、捕食性蜘蛛等自然天敌防控。

（5）药剂防治。根据虫情预报,建议在越冬卵孵化高峰期使用植物源农药鱼藤酮、拟除虫菊酯类药剂防治,并严格控制安全间隔期。

五　茶蓟马

茶园中危害茶树的茶蓟马主要包括茶棍蓟马和茶黄蓟马两种。

（一）茶棍蓟马

1.生活习性及危害症状

茶棍蓟马属缨翅目蓟马科,具有锉吸式口器,是在我国广东、海南、贵州、广西、浙江等省区茶园广泛分布的吸汁类茶叶害虫。茶棍蓟马可危害茶树、花生、葡萄、山茶、柑橘、月季等植物。

茶棍蓟马以若虫和成虫通过锉吸茶树芽叶的汁液来危害茶树。虫口密度低时,新梢叶片轻度受害,叶片微卷,色暗淡,背面主脉两侧有2条至多条纵向内凹的红褐色基本对称条纹;后期虫口密度高,受害叶片变为褐色,背面布满褐色小点,并出现纵向的红褐色条痕,相应的叶片正面略凸起,芽叶变小,并失去光泽(图2-9)。受害严重时,叶背的条痕合并成片,叶质僵硬变脆,整片茶园新梢芽萎缩、僵化,部分叶片焦枯、脱落,造成茶叶产量和品质下降。茶棍蓟马危害严重暴发时能使茶园夏秋季无茶可采。

图2-9 茶棍蓟马若虫及危害症状

初孵若虫不甚活跃,有群集性,常十至数十头聚于叶面、叶背甚至潜入芽缝取食。3龄若虫不取食,沿枝干向下爬到树干下部苔藓、地衣或树干周围枯草、茶丛内形成虫苞化蛹,蛹期不食但仍可爬行。茶棍蓟马成虫与若虫均具有趋嫩性,成虫活动能力强,但飞翔能力较弱,受惊吓时会快速逃离或弹跳飞走,主要集中在芽下1叶和2叶上,也有报告显示在芽下2~4叶居多,多在叶背。烈日下成虫多栖息于丛下荫蔽处或芽缝内,雨天在叶背活动。成虫羽化当天即可交尾,卵散产于芽下1~3叶内,或4~5粒产于叶面凹陷中。若虫多晨昏孵化。该虫害往往在中小叶品种茶园中发

生较为严重。

2.发生规律

茶棍蓟马一年发生5~10代,因地区不同而异,茶园间世代重叠严重,无明显的越冬现象。卵呈半透明乳白色,肾形,长约0.1毫米;初孵若虫为白色透明,体长0.25~0.35毫米,复眼为红色;2龄若虫为乳白色,体长0.4~0.5毫米,复眼呈红黑色;3龄若虫为浅黄色,体长0.5~0.6毫米;4龄若虫(预蛹)体呈橙黄色,体长0.6~0.8毫米;蛹为黄褐色,体长0.7~0.85毫米;成虫为黑色,体长0.8~1.1毫米。雌性成虫腹部背面有1块亮斑,体长0.8~1.4毫米,宽为0.24~0.35毫米,雄性成虫略小,长翅型(图2-10)。

图2-10 茶棍蓟马各虫态

(二)茶黄蓟马

1.生活习性及危害症状

茶黄蓟马属缨翅目蓟马科,具有锉吸式口器,在我国长江以南产茶区均有分布。茶黄蓟马可危害茶树、杧果、荷花、银杏、台湾相思、荔枝、苹果、山茶、葡萄、草莓等多种植物。

茶黄蓟马以若虫和成虫锉吸茶树芽叶的汁液来危害茶树。以芽下第2叶为主。虫口密度低时,叶片主脉两侧可见2条平行于主脉的红褐色条状疤痕,叶片微卷;虫口发生量大时,则整个叶片变为褐色,叶背布满褐色小点,芽叶变小,甚至枯焦脱落,严重影响茶叶的产量和品质(图2-11)。成虫活泼,善跳跃,受惊吓后能从栖息场所迅速跳开或举翅迁飞。成虫具有趋嫩习性,无趋光性,有趋色(黄色)性。茶黄蓟马以两性生殖为主,亦营孤雌生殖。

图2-11　茶黄蓟马危害症状

2.发生规律

茶黄蓟马一年发生10~11代,田间世代重叠严重,无明显越冬现象。卵为半透明乳白色至淡黄色,肾形,长约0.2毫米;1龄若虫为白色半透明,体长0.3~0.5毫米,复眼呈红色,胸比腹宽;2龄若虫为淡黄色,体长0.5~0.8毫

米,复眼呈黑色;3龄、4龄若虫为黄色;成虫为黄色,体长0.7~0.9毫米,单眼呈红色(图2-12)。

图2-12 茶黄蓟马各虫形态及危害症状示意图

(三)防治方法

(1)农业防治。通过合理修剪、中耕除草、科学施肥、茶园间作套种等方式建设生态茶园,提高茶树耐虫害能力。

(2)清洁茶园。清除茶园枯枝落叶和杂草,减少茶蓟马越冬场所。

(3)分批采摘。茶蓟马具趋嫩性,喜欢在嫩叶叶面活动和取食,加强园间肥培管理,及时分批采摘或修剪,可随芽叶带走一定的虫卵及虫体,在一定程度上能有效地控制虫口密度,减少园间虫口基数。

(4)合理修剪。适时轻修剪,抑制虫害发生。对危害较重,新梢芽叶萎缩、僵化的茶园,可采取修剪的方法。在春茶结束后,6月下旬至7月上旬,用修剪机剪去茶树蓬面3~5厘米的枝叶,修剪后把新梢嫩叶带出茶园销毁,减少害虫进一步危害。秋茶结束后,修剪清除多余枝叶与园内杂草,进一步减少虫口数。冬季休园时及时清除茶树枯枝落叶及茶园杂草,消灭或减少越冬成虫、若虫。

(5)色板诱杀。茶蓟马对黄色和蓝色有趋性,不同颜色、不同朝向时,色板诱杀效果会有显著差异,蓝板诱杀对象专一,不容易伤害天敌,东西方向诱捕数量显著高于南北方向。9月上旬在茶园行中按每亩(1亩≈666.7平方米)15~20张插色板进行诱杀,色板底端距茶叶蓬面10~15厘米。

(6)生物防治。保护和利用天敌资源。目前,茶蓟马的生物防控主要是结合当地自然天敌,充分发挥天敌对茶蓟马的控制作用。茶黄蓟马和茶棍蓟马的主要天敌有草间小黑蛛、八斑球腹蛛、锥腹肖蛸、龟纹瓢虫、斑管巢蛛、大赤螨、捕食螨、红点唇瓢虫、异色瓢虫等。

(7)生态调控。通过间作、套作等种植模式,在茶园内及周边种植具有趋避、诱集活性或利于天敌昆虫繁殖、越冬的植物等,如茶园周边种植苦楝树及除虫菊,茶园内种植桂花树,茶树间种植三叶草、百脉根等绿肥,构建"茶-林-草-花"式茶园立体复合生态系统,创造有利于蜘蛛、小花蝽、瓢虫和草蛉等天敌生存和繁衍的条件。同时,利用茶园生物种群多样性增强茶园生态体系对害虫种群控制的能力。

(8)药剂防治。在茶蓟马危害高峰期,选择高效低毒的生物源药剂,科学使用药剂进行防治。根据茶蓟马昼伏夜出的特性,建议在早上9时之前或者下午5时之后用药。茶蓟马隐蔽性较强,药剂需要选择内吸性的或者

添加强渗透性的助剂,尽量选择持效期长的药剂。一般在茶树出梢整齐时统一喷药,切勿等虫害暴发之后再用药。喷药时可以加点白糖或者红糖,诱杀效果会更好。

六 茶树害螨

茶园中危害茶树的螨虫类主要包括茶跗线螨和茶橙瘿螨两种。茶树害螨因体形微小,一般肉眼难以察觉,在放大镜下才能观察清楚,容易导致很多茶农把茶树害螨危害症状误认为是病害。茶树螨类主要栖息在嫩叶背面,叶片正面的螨虫数量少。螨类全年都可发生,温度的高低决定了螨类各虫态的发育周期、繁殖速度和产卵量的多少。干旱炎热的气候条件往往会导致其大发生。降雨时间长、雨量多,对虫害发生不利。一般6月份之前虫口数量较少,进入6月份虫口数量逐渐增加,茶园受害状况日益严重。

(一)茶跗线螨

1.生活习性及危害症状

茶跗线螨又称"茶黄螨""茶黄蜘蛛"等,属蛛形纲蜱螨目跗线螨科,是一种世界性害螨,也是茶树常见害螨之一。

茶跗线螨主要栖息在嫩叶背面,叶片正面的螨量很少。主要的危害方式是以若螨、成螨群集在新梢嫩芽叶背面吸食汁液,致使被害叶片呈黄绿色,主脉变为红褐色,失去光泽。危害初期被害叶片出现针状细长锈斑,叶片硬质,失水变脆,易脱落。严重危害后期,被害叶片萎缩、硬化增厚、质地变脆,直至整个叶背变为枯褐色,生长停滞,容易脱落,严重时芽叶萎缩(图2-13)。

图2-13　茶跗线螨危害症状(左图为危害初期,右图为危害后期)

2.发生规律

茶跗线螨一年一般发生20~30代,以成螨在茶芽鳞片内或叶柄等处越冬。茶跗线螨以两性繁殖为主,也能孤雌生殖,卵多产在嫩梢的芽尖和嫩叶背上,卵单粒散产。茶跗线螨趋嫩性很强,能随芽梢的生长不断向幼嫩部位转移,分布在芽下第1叶至第3叶的螨虫数占总螨虫数的98%以上,使嫩梢加速老化。

茶跗线螨的发生与气温和降雨有关,适宜温度为25~35 ℃,特别是高温更适宜该虫害发生;降雨时间长、雨量多,对虫害发生不利。一般6月份之前虫口数量较少,进入6月虫口数量开始增加,7—8月达到全年的最高虫口数量,8月中下旬开始茶园间危害状日益严重。

茶跗线螨卵呈椭圆形,长0.10~0.11毫米,宽0.07~0.08毫米,无色透明,近孵化时呈淡绿色,卵壳上有纵向排列整齐的白色圆形疱状凸起。茶跗

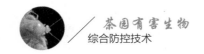

线螨若螨前期呈椭圆形,乳白色,具有3对足;后期呈长椭圆形,体形与成螨接近,有4对足。雌性成螨呈椭圆形,体长0.20~0.25毫米,宽0.10~0.15毫米,后体段背面中央有纵向乳白色条斑,第4对足纤细。雄性成螨近菱形,体长0.16~0.18毫米,宽0.08~0.09毫米,后体段前部较宽;体色初为乳白色,后渐变成淡黄、黄绿等色,半透明(图2-14)。

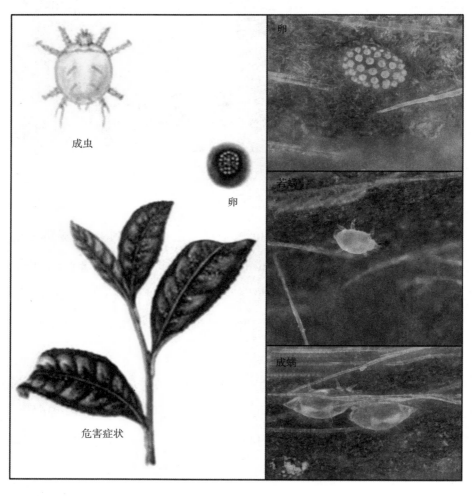

图2-14 茶跗线螨不同虫态及危害症状示意图

(二)茶橙瘿螨

1.生活习性及危害症状

茶橙瘿螨又称"茶红螨""茶红蜘蛛",属蛛形纲蜱螨目瘿螨科,是一种世界性害螨,也是危害茶园较严重的害螨之一。

茶橙瘿螨主要以幼螨、若螨和成螨刺吸茶树嫩叶和成叶的汁液进行危害。受害叶片局部变红,后显暗红色斑,失去光泽,叶色变浅,叶片正面主脉发红,叶片背面呈现不同色泽的褐色锈斑,芽叶萎缩、僵化。茶园受害轻时,茶叶产量和品质下降(图2-15);受害重时,枝叶干燥呈铜红色,状如火烧,树势衰弱,茶芽不发,后期大量落叶,无茶可采。茶橙瘿螨在我国各产茶区发生较为普遍。

2.发生规律

茶橙瘿螨各地发生代数不一样,长江流域茶区一年发生20余代,世代重叠,虫态混杂,可以各虫态在成叶、老叶背面越冬,一般以成螨在叶背越冬。成螨趋嫩性强,多危害新梢1芽2叶、3叶,多群集在茶丛上部尤其是嫩叶背面。虫害发生期各形态螨混杂,世代重叠严重。

翌年3月中下旬气温回升,当气温上升为10 ℃以上时,成螨开始活动和取食,由叶背转向叶面危害。成螨有陆续孕卵、分次产卵的习性,卵散产于叶背。成螨趋嫩性极强,多危害新梢1芽2叶和3叶,占总螨量的80%以上。全年有两次明显的危害高峰,第一次在5月中旬至6月下旬,第二次在8—10月高温干旱季节,对夏茶和秋茶危害极大。

成螨体形较小,长0.13~0.16毫米,橙红色,呈长圆锥形,前段体稍宽,由前向后渐细,呈圆锥形或胡萝卜形。成螨体前段有2对足,伸向头部前方,腹背平滑,后体段有许多环纹,上具刚毛,背面约有30环,尾端有1对尾毛。卵为球形,初产时无色透明,呈水球状;近孵化时浑浊,呈乳白色水

图2-15　茶橙瘿螨危害症状

珠状。初孵化幼螨为无色或乳白色,后变橙黄色;若螨呈淡橘黄色,有2对足,形状与成螨相似,但腹部环纹不明显(图2-16)。

图2-16　茶橙瘿螨危害症状示意图及其不同虫态显微形态

(三)防治方法

根据茶树害螨的发生特点,应采取多种措施进行综合防控,并及时采摘,减少成虫产卵的场所和有卵嫩梢,抑制虫害发生,即多采摘、适时治、冬清园。

(1)农业防治。茶树害螨具有趋嫩性,在茶树害螨发生多的茶园,可适当增加采摘次数,及时将嫩叶采下,此方法可带走大量的成螨、卵、幼螨、若螨,能降低茶园里害螨的虫口密度。

(2)封园处理。秋后封园,10月份开始进行轻修剪,剪去危害枝叶。采用石硫合剂或矿物油封园。

(3)生物防治。茶园释放捕食螨的昆虫,同时保护并合理利用茶园中的捕食性蜘蛛等天敌防控。

(4)药剂防治。加强螨情调查,根据螨情预报,勤观察,确保在害螨发生高峰期前用药,按"每叶螨卵数10个以上"的防治指标,选用矿物油低容量蓬面喷雾,重点喷叶背,并要注意严格控制安全间隔期。

第二节　茶园食叶性害虫及防治方法

食叶性害虫通常具有咀嚼式口器,咬食叶片呈缺刻状或空洞状,发生严重时可连同芽叶、嫩枝、树皮嚼食殆尽。此类害虫多营裸露生活,少数可卷叶、缀叶或营巢;具有主动迁移扩大危害的能力,易间歇性暴发成灾。茶树上的食叶性害虫类群包括毒蛾类、尺蠖类、蓑蛾类、刺蛾类、卷叶蛾类、象甲类、蝗虫类和螽斯类等等。目前,茶丽纹象甲、茶小卷叶蛾、茶尺蠖、油桐尺蠖、斜纹夜蛾、茶毛虫和刺蛾甲等害虫是我国产茶区常发的食叶性害虫类群。

一　茶丽纹象甲

1.生活习性及危害症状

茶丽纹象甲,又名"茶小黑象鼻虫",俗称"花鸡娘",体灰黑色,鞘翅具有黄绿色闪光鳞斑与条纹,腹面散生黄绿或绿色鳞毛。茶丽纹象甲在局部产茶区危害严重。幼虫在土中食用茶树须根,以成虫咬食叶片为主要危害,致使叶片边缘呈现弧形缺刻,严重时会造成全园残叶秃脉,对茶叶产量和品质影响很大。成虫有假死性,遇惊动即缩足落地(图2-17)。

2.发生规律

茶丽纹象甲一般一年发生1代,以老熟幼虫在树冠下表土中越冬,翌年3月下旬天暖后陆续做土茧化蛹。一般情况下,4月底成虫陆续羽化出土,5月中旬到6月为成虫危害盛发期,并相继大量产卵,8月上旬零星可见成虫,到8月中旬已难寻踪迹。各虫态的历期分别为:卵期7~15天,幼虫

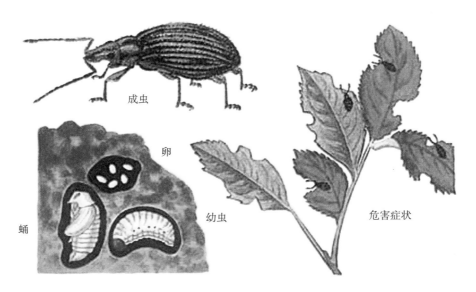

图2-17　茶丽纹象甲不同虫态及其危害症状示意图

期270~300天,蛹期9~14天,成虫期50~70天。

　　茶丽纹象甲成虫自10~16日龄开始性成熟,有多次交尾习性,并多在黄昏至晚间进行。每只雌虫产50~60粒卵,卵散产或3~5粒聚集产于树冠下落叶或表土中。幼虫栖息于土中,取食有机质和须根,老熟后在表土层内化蛹。成虫多在上午羽化,羽化后先潜伏于表土层中,经2~3天后出土取食。成虫善爬行,畏光,具有假死性,一般在上午露水干后开始活动,中午光照强时多栖息于叶背或枝叶间荫蔽处,以14:00时至黄昏活动最盛,夜间几乎不活动。

　　茶丽纹象甲成虫出土的迟早受早春温度及降雨量等综合因素的影响,即成虫出土期随1—2月气温的升高和3—4月降雨总量的减少而提前。夏季30 ℃以上的高温会造成成虫寿命缩短,产卵量减少。长势郁闭和庇荫下的茶园一般虫口较多。茶树根基土壤疏松湿润,有利于卵的孵化及幼虫和蛹的发育(图2-18)。

图2-18　茶丽纹象甲卵、幼虫、成虫及其危害症状

3.防治方法

（1）农业防治。翻耕松土,杀除幼虫和蛹。在冬春季翻动茶树丛下的表土,清除枯枝落叶,夏季茶园翻耕土壤,秋冬季或早春结合中耕施基肥,对土中茶丽纹象甲卵、幼虫和蛹均具有明显的杀伤力。

（2）物理防治。利用成虫假死性人工捕杀,在成虫盛发期,地面铺塑料薄膜,然后用力将其震落后再集中消灭。

（3）生物防治。使用微生物白僵菌的可湿性粉剂,使用两次。第一次结合秋冬季翻耕施在土壤中, 第二次在成虫出土盛期前一周左右使用,喷雾并使虫体接触菌液。合理利用天敌,茶丽纹象甲的天敌主要有多种蜘蛛、蛙类和蜥蜴等。蜘蛛主要在落叶表土里搜寻、捕食茶丽纹象甲卵粒,具有明显的控制效果。

（4）药剂防治。绿色食品茶园、低残留茶园,按每平方米虫量在15只以上,于成虫出土高峰前喷施生物药剂鱼藤酮、苦参碱等植物源药剂防治。

二 茶小卷叶蛾

1.生活习性及危害症状

茶小卷叶蛾,俗称"包叶虫""卷心虫",多以幼虫卷结嫩梢新叶或将数张叶片黏结成苞,幼虫潜伏其中取食造成危害。该虫害严重发生时会大大降低茶叶品质和产量。

2.发生规律

茶小卷叶蛾在长江中下游地区一年发生4~5代。以老熟幼虫在虫苞中越冬。翌年4月上中旬开始羽化产卵,卵块多产于茶树中下部叶片背面。各代幼虫始见期常在3月下旬、5月下旬、7月下旬、8月上旬、9月上旬、11月上旬,世代重叠发生,成虫具有趋光性(图2-19)。

3.防治方法

（1）农业防治。人工摘除卵块、虫苞,减少虫口基数。并注意保护和利用寄生蜂。

（2）物理防治。利用成虫的趋光性特点,使用灯光诱杀成虫,减少虫口基数。

（3）生物防治。合理利用寄生蜂和蜘蛛等自然天敌;利用性信息素诱捕器进行田间成虫防治和监测,重点防治越冬代和第1代、第2代成虫,以减少全年虫口基数。

（4）药剂防治。利用高效低毒的生物源药剂,在1龄、2龄幼虫期喷药进行防治。

图2-19　茶小卷叶蛾不同虫态及其危害症状

三　茶尺蠖

1.生活习性及危害症状

茶尺蠖和灰茶尺蠖是茶树害虫尺蠖类的两个近缘种，也是茶园中最常见的食叶类害虫，常年发生，严重时可将茶树叶片食尽，对茶叶产量影响较大。现有的研究表明，茶尺蠖在浙江省主要分布于钱塘江以北，安徽郎溪以东和江苏大部分产茶区也有发生，其分布范围比较小。灰茶尺蠖则分布于全国大部分产茶省份，分布的范围比较大。少数地区二者同时存在，两个近缘种的混发区为浙、苏、皖交界区域，呈带状分布。茶尺蠖主要以幼虫取食嫩叶危害茶树，多数时候单独危害，严重发生时则集中危害，将茶树叶片食光，仅留主脉。初孵幼虫爬到叶背取食下表皮，或静止倒挂在叶片背光处。1龄、2龄幼虫在嫩叶叶背嚼食叶肉,留上表皮,逐渐食成小洞;3龄后幼虫蚕食叶缘呈"C"字形缺刻;4龄后幼虫食量开始增加;5龄幼虫嚼食全叶,仅留主脉与叶柄。危害严重时可将嫩叶、老叶甚至幼茎吃光,不仅严重影响当年茶叶产量,并会导致树势衰弱,一到两年内难以恢复,对茶叶生产威胁很大。老熟幼虫会在茶丛中部叶片或枝叶间吐丝黏结叶片并化蛹其中。幼虫有吐丝下垂特性,成虫有趋光性(图2-20)。

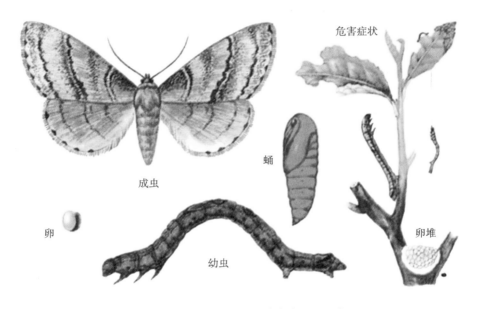

图2-20　茶尺蠖不同虫态及其危害症状示意图

2.发生规律

茶尺蠖成虫趋光性强,特别是雄虫,常在晚上7时后活动增多。卵散产,多产于茶树枝梢叶腋和腋芽处(占总产卵量的85%以上),每处产1粒至数粒,以单产居多。在浙江杭州一带一般一年发生6~7代。茶尺蠖以蛹在茶树冠下土壤中越冬,翌年3月越冬蛹开始羽化为成虫。一般4月上旬第1代幼虫开始危害春茶,幼虫发生期分别在5月上旬至6月上旬、6月中

旬至7月上旬危害夏茶,7月中旬至8月上旬、8月中旬至9月上旬、9月下旬
至11月上旬危害秋茶。各代幼虫的发生期不整齐,世代重叠现象比较
明显(图2-21)。

图2-21　茶尺蠖危害症状及其严重危害的茶园

3.防治措施

(1)农业防治。结合秋冬深耕施肥,清除树冠下表土中的越冬蛹,减少
虫口基数。

(2)物理防治。人工捕杀幼虫,利用幼虫受惊吓后吐丝下垂的习性,可
在清晨或傍晚将其打落,再集中消灭。

(3)生物防治。利用成虫的趋光性,在成虫盛发期,利用频振式灯对茶

园中的茶尺蠖进行诱杀,减少虫口基数;利用性信息素技术防治,使用茶尺蠖性信息素诱捕器诱集雄蛾;信息素技术也可用于茶尺蠖种群动态监控和预测预报,以配合药剂防治;保护利用丰富的天敌资源,目前可在生产中应用的有茧蜂、姬蜂、蜘蛛等自然天敌。

(4)药剂防治。使用微生物菌剂,可利用苏云金杆菌、白僵菌、茶尺蠖核型多角体病毒等病原微生物开展防治。

（四）斜纹夜蛾

1.生活习性及危害症状

斜纹夜蛾,又名"夜盗虫""莲纹夜蛾""烟草夜蛾"等,属鳞翅目夜蛾科(图2-22)。老熟幼虫体色一般为灰褐色。该虫主要分布于热带和亚热带

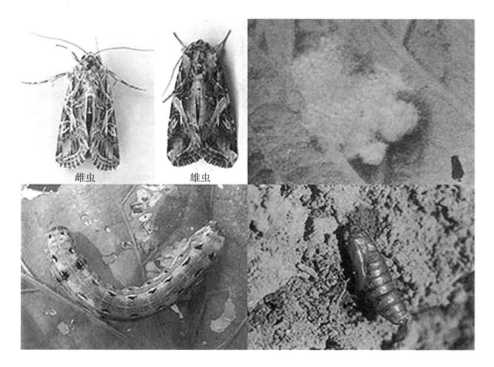

雌虫　　　　雄虫

图2-22　斜纹夜蛾不同虫态

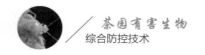

区域,亚洲、非洲和欧洲均有分布。在我国主要分布于长江流域、黄河流域及南方等区域,其中福建、浙江、安徽、江西、河南等省份有在茶树寄主上的危害记录。斜纹夜蛾幼虫取食茶树幼嫩的芽梢造成芽梢折断,并在茶树叶片上留下缺刻或孔洞。斜纹夜蛾幼虫具有昼伏夜出的习性,白天不容易被发现。

2.发生规律

20世纪90年代以前,鲜有斜纹夜蛾危害茶树的报道。近年来,在河南信阳、福建安溪、江西婺源、安徽宣城和浙江永嘉、温州、嵊州等地茶园中,陆续发现斜纹夜蛾局部暴发危害的情况。斜纹夜蛾以幼虫取食茶树芽叶和幼茎危害茶树。初孵幼虫群集在卵块附近取食,受害叶片常被吃成网纱状,3龄后开始扩散危害,4龄后进入暴食期,将叶片咬成缺刻或孔洞,造成叶片残缺不全,吃成光杆后即转移到邻近植株危害(图2-23)。幼虫具有假死特性,遇到惊动会立即蜷曲滚落地面。4龄后有避光性,对光照敏感,晴天一般躲在阴暗处或土缝里,夜晚和早晨出来取食。根据近些年斜纹夜蛾在茶树上的发生情况推测,该虫在茶园的成灾性暴发可能与其季节性迁飞习性有关。同时,茶园周边作物的耕作布局及茶园杂草也会对斜纹夜蛾的发生和扩散产生较大影响。

图2-23 斜纹夜蛾危害茶叶的症状

3.防治措施

（1）保护利用天敌。自然界中的斜纹夜蛾天敌资源十分丰富，现有记载的近170种。目前可在生产中应用的有甲腹茧蜂、黑卵蜂等天敌。

（2）物理防治。灯光诱杀成虫，斜纹夜蛾对普通白色光源趋性不强，但对黑光灯具有较强的趋性，可使用频振式黑光灯对茶园中的斜纹夜蛾进行防治，减少虫口基数。

（3）生物防治。可在茶园中使用斜纹夜蛾性信息素诱捕器诱杀雄蛾，同时信息素技术可用于斜纹夜蛾种群动态监控和预测预报，以配合药剂防治。

（4）药剂防治。使用微生物菌剂，可利用苏云金杆菌、环链棒束孢、斜纹夜蛾核型多角体病毒等病原微生物开展防治。

五 茶毛虫

1.生活习性及危害症状

茶毛虫又称"油茶毒蛾"，俗称"毛辣虫"，属鳞翅目毒蛾科，是茶园中常见的食叶类害虫之一，在我国大多产茶省均有分布。它以幼虫取食茶树成叶为主，影响茶树的生长和茶叶产量。同时，幼虫虫体上的毒毛及蜕皮壳触及人体皮肤后，会引起皮肤红肿、奇痒。夏秋季是茶毛虫高发的季节，严重时常会造成成片茶园叶片被取食一空。茶毛虫进行危害时，常常聚在一起，它们有时是在叶背围成一圈，有时是缠在一起，形成典型群聚危害区（图2-24）。

茶毛虫幼虫有6龄或7龄，每增加1个龄期会蜕皮1次。幼虫群集性较强，在茶树上具有明显的侧向分布习性。1龄、2龄幼虫呈淡黄色，着黄白色长毛，取食茶树叶片量不大，但常百余只群集在茶树中下部叶背取食

图2-24　茶毛虫不同虫态及其危害症状

下表皮及叶肉,使叶片呈现半透明状;幼虫蜕皮前群迁到茶树下部未危害叶背,聚集在一起,头向内围成圆形或椭圆形虫群,不食不动。蜕皮成3龄幼虫时常从叶缘开始取食,造成叶片缺刻,并开始分群向茶行两侧迁移。4~7龄幼虫呈黄褐色至土黄色,随着龄期增加腹节亚背线上毛瘤增加、色泽加深,这期间的幼虫取食量较大,常数十只群集在一起自下而上取食茶树成叶,严重时可将茶丛叶片食尽。

2.发生规律

茶毛虫一般一年发生2~5代,各代幼虫发生危害期分别在每年4—5月、6—7月、8—10月,一般以春、秋两季发生较严重。6~7龄幼虫具有群集性(3龄前群集性最强),常数十只至数百只聚集在叶背取食下表皮和叶肉,留上表皮呈半透明黄绿色薄膜状。3龄后开始分群迁散危害,咬食叶片呈缺刻状。

幼虫老熟后爬到茶丛基部枝丫间、落叶下或土隙间结茧化蛹。蛹呈圆锥形、浅咖啡色，疏披茶褐色毛，蛹外有黄棕色丝质薄茧。蛹羽化后进入成虫阶段，成虫体长6~13毫米、翅展20~35毫米。雌蛾翅为琥珀色，雄蛾翅为深茶褐色，雌蛾、雄蛾前翅中央均有2条浅色条纹，翅尖黄色区内有2个黑点。成虫具有趋光性，常产卵于茶树中下部叶背，卵呈扁球形、淡黄色，卵块呈椭圆形，上覆黄褐色厚绒毛（图2-25）。

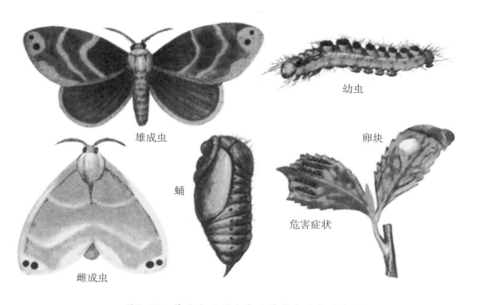

雄成虫　　幼虫　　卵块　　蛹　　危害症状　　雌成虫

图2-25　茶毛虫不同虫态及其危害症状示意图

茶毛虫一般以卵块在茶树中下部叶背越冬。第1代茶毛虫幼虫常出现在5月中下旬，而第2代幼虫会出现在7月下旬至8月上旬，部分第3代幼虫会出现在9—10月份。如果只出现茶毛虫第1代幼虫，一般不需要专门防治。因为第1代幼虫量较少，不会对茶叶生产造成影响，有时可能在防治其他害虫时，不经意间就减少了茶毛虫的幼虫数，或可以兼治。一定要注意第2代幼虫的发生，同时采取必要的预防措施。

3.防治措施

（1）农业防治。结合修剪，利用茶毛虫具有群集性的特点，人工摘除茶园间卵块和虫群，减少虫口基数。

（2）物理防治。利用茶毛虫成虫的趋光性，在第2代成虫羽化期间，安装杀虫灯诱杀成虫，减少虫口基数。

（3）生物防治。利用性信息素技术，目前茶毛虫的性信息素诱集技术已很成熟，可在田间悬挂性信息素诱捕器诱集茶毛虫成虫。同时，这也是一个非常有效的掌握田间茶毛虫发生量和发生时期的测报方法。

（4）药剂防治。使用微生物菌剂，可利用苏云金杆菌、白僵菌、茶毛虫核型多角体病毒等病原微生物，以及植物源药剂苦参碱、鱼藤酮等进行防治。

六　茶刺蛾

1.生活习性及危害症状

茶刺蛾属鳞翅目刺蛾科，除危害茶树外，还能危害油茶、咖啡、柑橘、桂花、玉兰等多种植物。幼虫常栖居叶背取食，低龄幼虫取食下表皮和叶肉，留下枯黄半透膜；中龄以后咬食叶片，常从叶尖向叶基锯食，留下平如刀切的半截叶片，严重时常将茶树叶片吃光，形成光杆。

茶刺蛾幼虫共有6龄，常分散发生危害。初龄幼虫栖息于叶背，受危害的茶树叶片呈半透明枯斑状（图2-26）。3龄后的幼虫咬食叶尖至平切叶片，常蚕食半叶即转害另一个叶片。

2.发生规律

虫害发生规律因地区不同而异。茶刺蛾一般一年发生3~4代，以老熟幼虫在茶树根际落叶和表土中结茧越冬。茶刺蛾成熟幼虫体长30~35毫

图2-26　茶刺蛾幼虫及其危害症状

米,背部隆起,呈黄绿至绿色,各体节有2对枝状丛刺,体前背中有1个绿色或红绿色角状凸起,体背中部有1个红褐色或淡紫色菱形斑,体侧气门线上有1列红点;成虫体长12~16毫米、翅展24~30毫米,虫体和前翅均呈浅红灰褐色,前翅上从前缘至后缘具有3条不明显的暗褐色波状斜纹。幼虫喜食成叶、老叶,但当成叶、老叶被食尽后,也会取食嫩叶。幼虫6龄老熟后多在夜间沿枝干爬行至茶丛基部枝丫间、落叶下或浅土中结茧。成虫趋光性较强,羽化当晚即能交配。每只雌虫可产6~80粒卵,常散产于茶树叶片背面叶缘处,以茶丛中下部居多。茶刺蛾卵一般4~7天即可孵化,

幼虫期一般为30~45天,蛹期一般为13~17天,成虫期一般为4~7天。茶刺蛾的蛹呈椭圆形,长约15毫米,淡黄色,腹部气门呈棕褐色。茧呈圆形,褐色(图2-27)。

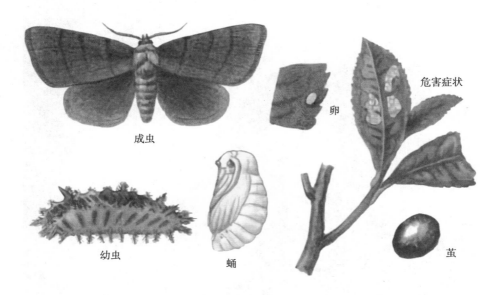

成虫　卵　危害症状

幼虫　蛹　茧

图2-27　茶刺蛾不同虫态及其危害症状示意图

3.防治措施

(1)农业防治。进行科学水肥管理,铲除茶园杂草,增强树势;在茶树生长季节,摘除被危害的带虫叶片和带虫卵的叶片,减少虫口基数。或者于7—8月或冬季摘除枝条上的茧蛹,集中消灭,以降低虫口密度。

(2)冬季清园灭茧蛹。冬季结合茶园开沟施肥培土,在茶树根际培土;或者冬春结合施肥,将落叶及表土翻埋入施肥沟底,而后施肥盖土,杀灭茧蛹,防止成虫羽化出土,降低虫口密度。

(3)物理防治。利用茶刺蛾成虫的趋光性,安装杀虫灯诱杀成虫,减少虫口基数。

（4）生物防治。利用性信息素诱集,可在茶园间悬挂性信息素诱捕器诱捕茶刺蛾成虫。

（5）药剂防治。依据茶园间茶刺蛾发生量和发生时期,在2~3龄幼虫期使用微生物菌剂,可利用苏云金杆菌、白僵菌等病原微生物,以及植物源药剂苦参碱、鱼藤酮等进行防治。

第三章　茶园有害生物绿色防控方法和策略

　　茶树是多年生四季常绿植物,树冠密闭,形成相对较为稳定的茶园小生态环境,易受致病性微生物及害虫危害。茶树遭受病虫害后,其茶叶产量、品质会受影响,病虫危害已经成为茶园生产发展的最大障碍。因此,加强茶树病虫害的防治工作显得十分重要。此外,茶园生态系统也受人为因素干扰较大,茶树品种的选择,茶苗的种植间距,茶树的修剪、采摘、施肥等因素都会形成特殊的茶园生境。茶园生境的变化,对茶园病虫害的流行与传播影响巨大,如推广良种而忽略了抗性育种造成良种茶树抗性减弱,大量施用化学肥料使茶园土壤板结、茶园地力衰退造成茶树生长不良、抗性较弱,不合理施用肥料尤其偏施氮肥改变了茶树体内的碳氮比,这些造成了病菌的侵染和刺吸式口器害虫的吸汁危害等。茶园病虫害的防治过去多以化学防治为主,导致茶叶中农药残留率偏高,并且害虫的抗药性和再猖獗问题也日益突出,对我国的茶叶安全生产、茶叶质量、茶叶贸易等均产生严重的负面影响。此外,过多地依赖化学防治而忽略了使用其他防治措施进行综合防控,还会致使茶园生态平衡遭到破坏,引发茶园病虫危害,且越来越严重。因此,保持茶园良好的生态环境,采用多措施综合防控技术,不依赖甚至不使用化学药剂,是当前茶园有害生物绿色防控的目标。

　　茶叶病虫害防治是无公害茶叶生产的重要组成部分,直接影响到茶叶农药残留量和茶叶品质。茶园有害生物绿色防控技术是按照生态学的基本原则,从整个茶园生态系统出发,保持茶园生态系统平衡多样性,从病原微生物、害虫、天敌、茶树以及其他生物和周围环境整体出发,综合考虑茶园生态系统及周围环境的生物群落结构组成,全面掌握各种有益及有害生物种群的发生规律、相互关系,以及它们对茶树生长发育的影响,充分发挥以茶树为主体的、以茶园环境为基础的自然调控作用。以农业防治为基础,保护利用天敌,充分应用生物防治、物理防治等绿色防控措施,科学使用高效、低毒、低残留农药,实现安全、生态防控茶园病虫害,确保茶叶质量安全,实现茶产业健康可持续发展。

▶ 第一节　茶园有害生物绿色防控方法

茶树病虫害防治必须牢固树立绿色植保理念,贯彻"预防为主,综合防治"的植保方针。茶树有害生物绿色防控方法按其作用原理和应用技术主要可分为五类:植物检疫、农业防治、生物防治、物理防治、化学防治。这五种防治方法相互联系、相互补充,综合运用可实现茶园有害生物综合防控技术体系的建立。

一　植物检疫法

在通常情况下,病害、虫害及草害等发生具有区域性,各个国家和地区发生的种类也不尽相同。当某些地区危险性的有害生物传入新地区后,其有可能生存并传播流行起来,并造成严重的危害。新地区可能没有这种病虫害的天敌,作物也没有产生抗性,因此,一旦发生就有可能迅速

发展到难以控制的地步。植物检疫工作,就是控制在茶苗转运过程中,人为传带不健康的植株,造成有害生物的远距离传播,力求做到将局部地区发生的有害生物控制在原发地,并逐步进行消灭,真正体现"预防为主,综合防控"的植保方针。

（二）农业防治法

农业防治法是指利用农业技术措施来达到预防或控制有害生物发生与传播流行的方法。某些农业技术措施的实施,可以改善作物的生长发育状况,影响天敌的发生条件和栖息环境,同时也可以影响病虫等有害生物的营养条件和栖息环境,从而直接或间接地影响病虫害的数量与发生情况。此外,某些农业技术措施还能直接地消灭病原菌和害虫。因此,农业防治是综合考虑多种因素,从而因地制宜地制定切实可行的防治措施,同时也是一项具有持久预防作用的重要防治方法。

（三）生物防治法

生物防治法是指利用某些寄生于害虫的昆虫、真菌、细菌、病毒、原生动物、线虫,以及捕食性昆虫和螨类、益鸟、益兽、鱼类、两栖动物(如蛙类)等来控制或消灭害虫,利用抗生菌(如苏云金杆菌、白僵菌)来防治病原菌,即以虫治虫、以菌治虫、以菌制菌、以菌治病。

（四）物理防治法

物理防治法是利用各种物理因子、机械设备以及各种工具来防治有害生物的方法。可以利用害虫的生活习性进行捕杀、诱杀、阻隔,或者对种子表面进行杀菌处理等。

五 化学防治法

化学防治法是指利用有毒的化学物质来预防或消灭病虫害。目前,化学防治法是其他防治措施的补充,但不合理地使用农药也会带来残留、环境污染和病虫抗药性等弊病。因而茶园用药要比其他作物更加严格,应根据靶标病虫发生情况合理使用。优先选用生物农药和昆虫生长调节剂,应选择高效、低毒、低残留的化学农药品种,剧毒、高毒、残留期较长的农药,禁止在茶园推广使用。

▶ 第二节 茶园有害生物绿色防控主要措施

一 坚持以农业科技为基础,加强茶园栽培管理

提高茶园栽培管理技术,既能实现茶叶产量与品质的提升,又能很好地预防病虫草等有害生物的发生。实施茶园有害生物综合防控措施应该提倡以农业技术为基础。

(1)选育推广抗性品种,避免大面积种植单一品种。

(2)开展茶果间作、茶林间作和套种小乔木,实现空间立体栽培,丰富茶园群落结构。改善茶园生态环境,维持茶园生态系统稳定平衡。

(3)合理施肥,并增施有机肥,改善茶树生长发育状况,增强茶树的抗病虫害能力。

(4)及时、分批多次采摘茶叶,抑制病虫害的发生。

(5)合理修剪、台刈、复壮茶树,减少枝叶上的病虫数量。

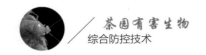
（6）适当翻耕，合理除草，改善茶树的生长状况，减少病虫越冬越夏等栖息场所。

（7）及时排灌，加强茶园水肥管理，增强茶树抗性。

（8）加强茶园管理，及时清理被病虫危害的枝叶，减少病原菌数量，降低虫口密度。

二 积极开展生物防治，保护利用天敌资源

加强生物防治，能够减少对有益生物的损害，丰富茶园的生物群落，保护茶园的天敌资源。茶园里的捕食螨、蜘蛛、食蚜蝇等天敌资源是茶园里一种强有力的自然控制力量。

（1）开展茶园天敌资源调查，明确优势天敌种类，保护利用天敌。茶树病虫害天敌资源丰富，蜘蛛为最大种群，占整个天敌种群的80%~90%，种类多、数量大，繁殖率高，每只蜘蛛每天可捕食害虫6~10只。

（2）加强茶园规划和管理，合理间作其他树种或绿肥，创造良好的天敌生态环境。

（3）结合农业措施，保护天敌资源。茶园合理密植、科学修剪，改善茶树生长状态，有利于天敌昆虫与有益菌群的生存繁衍。茶园铺盖稻草一方面可以抑制杂草生长；另一方面也给天敌提供了越冬越夏的栖息场所，可保护天敌资源。

（4）人工繁育和释放天敌。可以人工释放瓢虫、草蛉、蜘蛛、猎蝽、捕食螨、寄生蜂等天敌资源。大量繁殖和释放天敌，可以有效地补充茶园自然天敌种群，对虫害有良好的防治效果，又不会对环境造成污染。

（5）开展以菌治菌、以菌治虫，或者使用微生物制剂防控茶园病虫害。因地制宜地使用苏云金杆菌制剂防治茶毛虫、茶蚕、茶尺蠖；用茶蚕颗粒

体病毒、茶毛虫核型多角体病毒防治相应害虫。

（6）科学合理地使用化学药剂，减少对天敌的伤害。

三 适时采用人工防治，推广应用新科技

人工防治是一种有效的传统防治方法，且效果显著。但人工防治效率不高，成本太大，目前应用相对较少。随着农业科技的发展，尤其是农业植保机械化的发展，一些新的植保防治技术可以应用于茶园有害生物的防治中并加以推广。

（1）人工捕杀。利用某些茶树害虫具有假死、吐丝悬挂、群集等习性，可以结合农事操作进行人工捕杀。修剪病枝病叶或拔除病株，将其带出茶园进行集中烧毁。

（2）灯光诱杀。利用害虫的趋光性，安装诱虫灯进行集中诱杀成虫，进而控制害虫的虫口密度。安装频振式杀虫灯，可诱杀茶尺蠖、茶毛虫、茶黑毒蛾、天牛、茶小绿叶蝉等多种害虫。

（3）性信息素诱杀。利用昆虫的趋化性，以及害虫对异性求偶信息素的敏感性，利用雌性散发的性信息素诱集雄性成虫并进行杀灭。

（4）在茶园周边或茶行中种植蜜源植物。蜜源植物一方面可以吸引天敌来控制茶园有害生物；另一方面可以引诱害虫来实施危害，减小对茶树的损害程度。

（5）食物诱杀。将糖醋混合糊状液涂在盒内放置在茶园里，可吸引茶毛虫、茶小卷叶蛾、地老虎等害虫成虫取食，进而杀灭。

（6）色板诱杀。利用害虫对不同颜色的趋性进行诱杀，如用黄板诱杀茶蚜、茶蓟马、茶小绿叶蝉等害虫。

四 合理利用病虫越冬越夏两个关键期防控

（1）越冬期的翻耕、施肥等农事操作可以很好控制病虫害。茶园中的很多病虫等有害生物在越冬期，都是在茶树的中下部的枝叶上、根部土壤表层、土表的枯枝落叶上以及茶园土壤中越冬，可利用越冬期结合茶园管理措施进行病虫害防治。茶尺蠖以蛹、刺蛾类以茧的形态进行越冬，冬季茶园的翻耕施肥，对这些害虫具有很好的控制作用。

（2）越冬期的修剪可以降低虫口密度和减少病菌数量。越冬期间，对危害较重的茶树施行修剪等措施，可以剪除病叶、病枝以及钻蛀性害虫危害的枝干。同时还可以人工摘取越冬形态的茶毛虫卵块、茶小卷叶蛾的虫苞，以及被茶饼病、茶轮斑病、茶白星病、茶炭疽病等危害严重的病叶。这些措施可消灭大部分越冬虫源和病原菌，减少越冬期后茶园的病虫数量。

五 综合防治，预防为主

综合防治是指以生态学原理为出发点，本着"预防为主，综合防治"的指导方针，"安全、经济、有效、适用"的原则，以农业防治为基础，加强植物检疫，科学采用生物防治技术，优化茶园生态，保护利用天敌，丰富茶园群落，合理地运用各种防治方法，真正实现综合防治，把病虫草害的种群密度控制在较低水平，将生态系统的副作用降到最低程度，从而达到保护环境、保证人畜安全和茶叶高产优质的目的。具体做法有：

（1）建立科学的防治标准。

（2）制定综合治理方案。

（3）尽量减少化学农药的使用。

<table>
<tr><td>第四章</td><td>茶园有害生物调查
基本方法</td></tr>
</table>

随着有机茶叶、绿色茶叶生产和认证的发展，茶树病虫害发生和综合防治面临许多新情况和新问题需要解决。本章主要介绍茶树病虫害种类及发生量的调查统计方法，病虫害种群数量的预测预报技术，可以用来指导生产，并用于科学防控方法的制定。

茶树栽培管理技术的改进，尤其是有机茶叶、绿色茶叶生产和茶产品有机认证的兴起，对茶树病虫害防治提出了新的任务和要求。茶树病虫区系以及优势种群的变化、发生规律预测预报和综合治理等新情况、新问题都需要我们去研究解决。因此，掌握茶树病虫害研究的一些基本方法具有重要的理论意义和实践意义。

▶ 第一节　茶树病虫害调查与统计方法

准确地查明茶园中病虫种群数量是掌握其发生动态、开展预测预报的基础工作。病虫害调查必须遵循客观性和代表性的基本原则，在制订取样方案时要考虑经济、可靠、实用以及便利等因素。

一　病虫害调查的目的和主要内容

病虫害的发生规律、种群数量及其波动是诸多内因（虫口基数、生理

状态等)和外因(温度、湿度、光照、风、雨、农时等)综合作用的结果。可依据科学的方法对病虫害的发生期、发生量、危害程度和扩散分布趋势进行准确的测报,从而适时采取恰当的防治措施而有效地控制病虫的危害。准确的测报是建立在可靠的调查基础上的,数据的采集具有重要性,必须简便、可靠而又具有代表性。

病虫害调查的目的不同,所调查的项目和内容也就不同。有关茶树病虫害研究方面的调查内容,主要包括以下几个方面:

(1)种类和数量调查。调查某一地区某一茶园昆虫和病害的种类和数量,了解和掌握哪些是主要害虫、天敌或病害,哪些是次要的,以便明确主要防治对象和可供利用的主要天敌对象。

(2)分布调查。调查某种或某些昆虫和病害的地理分布情况,以及在各个地区或地块内的数量多少,从而指导病虫害的防治或对天敌的保护利用。

(3)生物学和发生规律的调查。调查某一害虫或天敌和病害的寄主范围、出现时期、发生规律、越冬场所以及害虫各虫态所占比例、发生世代、越冬虫态等;还要调查在各种条件下及不同时期害虫数量变动,从而掌握其生活史和发生规律。

(4)危害损失调查。通过茶树的被危害程度、损失情况调查,确定是否需要防治或防治的时期和范围。

二)病虫害调查的基本原则与类型

在调查某一块茶园病虫发生数量或危害程度时,不可能也不必要逐株清点园中的病虫。园中病虫的总和称之为"总体",每个病虫称之为"个体",按照一定的方法从中取出的一部分个体叫作"样本"。实际工作中通常用样本估计总体。

样本的抽取要遵循两个基本原则：一是客观性，即不含任何主观意识地选择个体；二是代表性，即所抽取的样本可以较好地代表总体。在制订方案时要考虑以下因素：一是经济性，即该方案要花费的人力、物力和时间等要少；二是精确性，即抽样结果可靠程度要高；三是总体编号的难度要小；四是实际操作起来要简便。

常用的调查或抽样类型主要有随机抽样、分层抽样、多级抽样和序贯抽样等。

1.随机抽样

随机抽样是病虫种群调查最常用的一种方法，即在一定空间内，对种群各个体机会均等地抽取样本以代表总体。如在N个个体中，机会均等地抽取第1个样本，再从$(N-1)$个个体中机会均等地抽取第2个样本。具体做法可先将N个样本分别编号$(1,2,3,\cdots,N)$，再进行摸号选取。

2.分层抽样

分层抽样常用于调查病虫种群动态，将总体中近似的个体分别归为若干层(组)，对每层分别抽取一个随机样本，用以代表总体。如茶树上下层黑刺粉虱的密度差异很大，可将茶丛分层，每一层看作一个小总体，分别对其进行随机抽样，获得分层样本的数据，再合并成总体样本数据。是否需要分层抽样，可在各层抽样后进行统计测验，分2层的用t检验，分3层以上的用方差分析。若差异显著，表示应分层；否则，可不分层。此种抽样方法较适合于聚集分布的种群。

3.多级抽样

按地理空间分成若干级，再按级进行随机抽样。例如，调查全省的茶白星病，可先将全省产茶县编号作为第1级样本，每个县随机抽出若干乡

作为第2级样本,再在其中随机抽出若干村作为第3级样本,直至抽出所要的样本为止。多级抽样与分层抽样的区别:多级抽样是按级依次往下抽样,最后才抽出所需的多级样本;分层抽样是将每一层作为一个小总体,分别抽取随机样本。

4.序贯抽样

序贯抽样是用数理统计中假设测验方法,在一定的概率保证下,依据较少的样本考虑接受或拒绝样本的调查结果。其特点为:一是不预先规定抽样数量,在既定的误差概率保证下可尽量减少抽样数量;二是序贯抽样的计算,因种群分布型而异。该方法适用于只需要调查病虫害发生程度、是否达到防治指标,以及只检验防治效果而不需要精确掌握病虫种群密度的情况。

三　病虫害发生分布型及调查取样方法

1.种群的空间分布型

各种测报方法都是以实地调查所获数据为依据的。一般按病虫分布型采取相应的抽样方法调查病虫种群密度。对于有迁移活动的昆虫,还可采用标记–再捕值法调查其数量。一定时空条件下获得的数据即可作为各种测报统计分析的基础。

种群的空间分布型是种群的特征之一,通常昆虫的空间分布型分为随机分布、聚集分布和嵌纹分布三种。

(1)随机分布。总体中每个个体在取样单位中出现的概率均等,而与其他个体无关。这类昆虫活动力强,在田间分布比较均匀,在调查取样时数量可以少一些,每个取样点可稍微大一些,适用五点取样法或对角线取样法。可用泊松分布理论公式描述。

（2）聚集分布。总体中一个或多个个体的存在影响其他个体出现于同一取样单位的概率。这类昆虫活动力弱，在田间分布不均匀，呈许多核心或小集团，取样时数量可多一些，常采用分行取样法或棋盘式取样法。可用奈曼分布、负二项分布、泊松正二项分布等理论公式描述。大多数病虫害的分布属于这种类型。

（3）嵌纹分布。个体在田间呈不均匀的疏密互间的分布，多由别处迁来或由密集型向周围扩散形成，分布不均匀，多少相嵌不一。调查时取样数量可多一些，每个取样点可适当小一点，宜采用"Z"字形取样法或棋盘式取样法。

2.取样方法

常用的取样方法有单对角线取样法、双对角线取样法、五点取样法、棋盘式取样法、平行跳跃取样法、"Z"字形取样法和分行取样法等。

3.取样单位

常依据病虫的分布型，采用相应的"样方法"，以样方法调查病虫种群。样方法所用的取样单位可据实际情况（病虫种类、活动方式等）而定。常用指标有以下几种：

（1）长度。1米或10厘米枝条上病虫数量。

（2）面积。计数单位面积（如平方米等）内病虫数量。

（3）体积。计数单位体积（如立方米等）内病虫数量。

（4）时间。统计单位时间（如分钟、小时等）内观测到的病虫数量。

（5）寄主植物体的一部分。如叶、芽、花、果或茎等。

（6）器具。如捕虫网，计算每网捕到的昆虫数量。

四 病虫害调查统计方法

1.调查和实验数据及其处理结果的表示法

（1）列表法。简单易操作，数据之间易于比较。1个表格内可以同时表明多个数量，信息量较大。表格中应包括表的序号、表题、项目、附注等。当文中有2个或2个以上的表格时，应依次编序号；表题宜放在表的上面，简明扼要，尽可能全面地反映表的内容；项目尽量简化，重要的放在前面；还可适当地加上某些附注，对表中某些内容予以精确说明。

（2）图解法。简明直观，可以显示最高点、最低点、中点、拐点和周期等信息；易于显示语言难以准确描述的种群、群落或某个生理过程的变化趋势。

（3）方程法。该方法也较常用，概括性较强，可由自变量变化预测因变量的变化等。

2.常用的几个特征数及其计算方法

（1）病虫密度。易于计数的可数性状采用数量法，调查后折算成单位面积（或体积）的数量。如每平方米虫口数、每平方米蛹量、每叶病斑数以及每株病虫卵量等。不易计数时采用等级法，例如将茶橙瘿螨情分级为：0级为每叶0头，1级为每叶1~50头，2级为每叶51~100头，3级为每叶101~150头，4级为每叶151~200头，5级为每叶200头以上。有时调查只需要大体了解某茶区、某茶园病虫发生的基本情况，往往用"+"的个数来表示数量的多少，如1个"+"表示偶然发生，2个"+"表示轻微发生，以此类推，用来表示较多、局部严重、严重等。

（2）茶树受害情况：

$$被害率 = \frac{被害株（茎、叶、花、果）数}{调查总株（茎、叶、花、果）数} \times 100\%$$

（3）病情指数。病害可造成芽、叶、花、果、茎以及根部的病变。以某种叶部病害为例，其对不同茶树叶片的危害程度不等。调查前按受害程度的轻重分级，再把田间取样结果分级计数，代入以下公式：

$$病情指数 = \frac{\Sigma（各级值 \times 相应级的叶数）}{调查总叶数 \times 最高级值} \times 100$$

调查统计中常用的平均数、样本方差与标准差、变异系数等应用与分析请参考生物统计方面的教材。

第二节　茶树病虫害的预测预报

一　预测预报的目的与意义

茶树病虫害的预测预报是病虫害综合治理的重要组成部分，是一项监测病虫害未来发生与危害趋势的重要工作。预测预报是根据病虫害过去和现在的变动规律、调查取样、物候现象、气象预报等资料，应用数理统计分析和先进的预测方法，来估测病虫害未来发生趋势，并向各级政府、植物保护站、生产单位和专业户提供情报信息和咨询服务的一门应用技术。

随着我国无公害茶叶生产的发展，茶树病虫害的防治工作面临减少

化学农药使用次数与剂量、适时防治等日趋严格的要求。要做到这些,就必须要求病虫害的预测预报工作更趋及时、精确;否则,就会丧失有效的防治时机,导致药剂使用量和次数增多。因此,预测预报是实施茶树病虫害有效综合治理的前提条件,也是发展我国低农药残留或无残留优质茶叶的重要技术保障。

二 预测预报的内容与任务

病虫害预测可按预测内容、预测时间的长短、预测空间等加以区分。按内容分为发生期预测、发生量或流行程度预测、危害程度预测与产量损失预测;按时间分为短期预测、中期预测和长期预测;按空间分为本地虫源和病源预测以及异地虫源和病源预测。

发生期预测就是预测某种病虫某阶段的出现期或危害期,为确定防治适宜期提供依据。发生量或流行程度预测主要预测病害或虫害在未来是否会有大发生或流行的趋势,是否会达到防治指标,从而结合历史资料,为中期、长期预测提供依据。危害程度预测与产量损失预测是在发生期、发生量等预测的基础上,研究预测作物对病虫害的最敏感期是否与病虫破坏力、侵入力最强且数量最多的时期相遇,从而推断病虫害发生程度的轻重或造成损失的大小;配合发生量预测可进一步划分防治对象,确定防治次数,选择合适的防治方法。

短期预测的期限在20天内,如对害虫而言,即根据前1~2个虫态的发生情况,推算后1~2个虫态的发生时期与数量,以推算防治适宜期,其准确性高,使用广泛。中期预测的期限一般为20天至1个季度,通常根据当代发生情况,预测下一代的发生情况。长期预测的期限在1个季度或1年以上,主要预测病虫害的发生趋势,它需要多年系统资料的积累。

三 茶树害虫的预测预报方法

茶树害虫的预测方法,除通过田间实地系统调查外,利用害虫的趋光性、趋化性及其他生物学特性进行预测,则是另一重要手段。当然,预测的数据分析、处理还应与数理统计相结合,条件成熟后更应与计算机数据分析技术、网络技术、地理信息系统紧密结合。

在实际生产中,通常运用发生期预测法。该方法是将害虫某一虫态(或虫龄)的发生期分为始见期、始盛期、盛期、盛末期和终见期。盛期又叫"高峰期",而高峰期又常有第1高峰期和第2高峰期等。其中重要的是始盛期,以某一虫态出现16%~20%表示;盛期,以某一虫态出现45%~50%表示;盛末期,以某一虫态出现80%~84%表示。例如,卵的孵化率达20%时为孵化始盛期,计算公式如下:

$$孵化百分率 = \frac{卵壳数}{活卵数 + 卵壳数} \times 100\%$$

发生期预测的具体做法有以下几种。

1.历期预测

在掌握害虫发育进度的基础上,参考当时气温预报,向后加相应的虫态或世代历期,推算以后的发生期。这是一种短期预测,准确性较高。当田间发育进度系统调查查得某一虫态的始盛期、盛期、盛末期到来,分别向后加上当时气温条件下该虫态的历期,即为后一虫态相应的发生期;进一步,同样还可再向后推测1~2个虫态的发生期。某一虫态的始盛期、盛期、盛末期,也可以通过在室内连续饲养该虫获得。例如,田间查得5月14日为第1代茶尺蠖化蛹盛期,5月间蛹历期1~13天,产卵前期2天,卵历

期8~11天,即可推算如下:

产卵盛期为5月14日加10~13天(蛹期)加2天(产卵前期),为5月26—29日;卵孵化盛期为5月26—29日加8~11天,为6月3—9日。

鳞翅目、粉虱、介壳虫类等害虫均可采用此法进行预测。对鳞翅目害虫,其卵孵化盛期加上1龄和2龄历期,一般即为防治适宜期;对粉虱和介壳虫类害虫,卵孵化盛期即为防治适宜期。

2.分龄分级推算

对于各虫态历期较长的害虫,可以选择某虫态发生的关键时期(如常年的始盛期、高峰期等),做2~3次发育进度检查,仔细进行幼虫分龄、蛹分级,并计算各龄、各级虫数占总虫数的百分率,然后自蛹壳级向前累加,当累达始盛期、高峰期、盛末期的标准,即可由该龄级幼虫或蛹到羽化的历期,推算出成虫羽化始盛期、高峰期和盛末期,其中累计至当龄时所占百分率超过标准时,历期折半;并可进一步加产卵前期和当季的卵期,推算出产卵和孵化始盛期、高峰期或盛末期。例如,在皖南宣城大田查得第1代茶小卷叶蛾于5月17日进入4龄盛期,按当时25 ℃左右各虫态的发育历期推算如下:

第2代卵盛孵期为5月17日加3~4天(4龄幼虫历期)加5~7天(5龄幼虫历期)加7.5天(蛹历期)加2~4天(成虫产卵前期)加6~8天(第2代卵历期),即5月17日加23.5~31.5天,为6月10—18日。大田实际上6月12日为盛期,与上述推算日期基本一致。

茶尺蠖、油桐尺蠖(除第1代)、茶黑毒蛾、茶毛虫等均可采用此法,其卵孵化盛期加上1龄和2龄历期,一般即为防治适宜期。

3.期距预测

与前述历期预测相类似,主要根据当地多年积累的历史资料,将总结出的当地各种害虫前后两个世代或若干虫期之间,甚至不同发生率之间"期距"的经验值(平均值与标准差)作为发生期预测的依据。但其准确性要视历史资料积累的情况而定,愈久愈系统,统计分析得出的期距经验值愈可靠。如某地田间调查,茶丽纹象甲成虫出土始期至出土盛期的平均期距为17±3天。根据某年调查或回归预测得到出土始期,再加上该期距,可推算得到出土盛期,即防治适宜期。

4.物候预测

物候是指自然界各种随季节变化的生物现象,例如燕子飞来、桃树开花、青蛙鸣叫、乌桕发芽、柳絮飘扬等,都有一定的季节性,物候现象正反映一定节令的到来。害虫某一世代虫态也必须到一定节令才会出现。害虫的发生与周围其他生物之间普遍存在着物候关系,这是不同物种对同一地区环境条件长期形成的相同的时间性反映。在一个地域范围内,经过多年观察,找出某种动植物某一发育阶段或出现同害虫某一虫态的出现在时间顺序上的相关性,即可将某些有关物候现象作为害虫发生期预测预报的标志。如茶尺蠖第1代幼虫初发期正值春茶萌发、芽叶伸展、车前草盛花时节;春茶旺采时,茶尺蠖进入2龄盛期。长白介壳虫第1代卵盛孵期正是枇杷大量采收、楝树盛花之时,也适值假眼小绿叶蝉第1代虫口高峰初期,在楝树盛花期后3~4天即可进行田间防治。在江苏无锡,绿盲蝽第1代若虫发生期与茶树生育进度密切相关,卵开始孵化恰为大毫茶1芽半展叶期、福鼎1芽1叶期、福云6号1芽期;卵孵化高峰期与大毫茶1芽2叶期、福鼎1芽3叶期、福云6号1芽1叶期相遇。

物候观察是一项要持续多年且实践性很强的工作,应在详细观察记载害虫发生期的同时,注意其他物候现象的出现,但是不能只停留在同

时出现的物候现象上,必须注重观察害虫出现以前的物候现象,并从中找出它与害虫发生期的期距相关性,才能更好地用于害虫发生期预测。

四 茶树病害的预测预报方法

防治病害必须抓住时机,否则大面积流行造成的损失难以挽回。通常病害流行与否在年份间波动大,流行速度快,需要事先调查预测并及时发出预报。

(一)病害预测的依据

1.病害流行规律

掌握病害流行的历史规律,从全面分析病害流行的三要素入手,找出当时当地的主导因素,即流行的决定性因素、流行变化的有关因素和流行过程的特点,这是病害预测的基础。

2.历年病情及气象资料等

结合当地逐年病情消长资料和气象资料,分析历年测报的经验,以及品种和耕作栽培的改变情况等。

3.了解和掌握当年诸方面基本情况

(1)病原菌。调查、了解病原菌越冬基数和病原菌存活数量是预测病害初侵染和病害发生期的主要依据,还要在有代表性的茶园定期进行病情消长规律的调查。

(2)寄主植物。主要了解品种的抗病性、植株发育状况及物候期是否正式进入感病阶段。

(3)环境条件。主要是气象条件,特别是温度和湿度最为重要。因此,需要当地气象记录和短期、中期的天气预报资料。一定范围内的小气候资料,必须自行观察记载,这是预测某些病害在局部地区流行程度的重要依据。

(二)病害测报方法

病害的测报方法可分为两种,即系统测报和一般测报。系统测报是针对病害发生危害过程,规定了较为全面的观测记录项目和综合分析的方法,以便积累资料,不断提高中长期测报水平。而一般测报是对调查内容和方法做适当的简化,指导当地当前的病害防治,主要做好定点病情调查和气象观察,具体调查内容和测报方法均可参照系统测报办法。现以茶芽枯病为例介绍系统测报的步骤与方法。

1.调查内容和方法

(1)病原菌越冬情况调查。于当年12月至翌年2—3月,在发病茶园里进行。调查茶园间病叶、病芽,调查方法采用五点随机取样,数500个芽叶,统计病芽叶率,填入表4-1内;同时进行越冬菌源基数调查,每次采越冬芽叶和病芽叶各20片,分别用马铃薯培养基、葡萄糖培养基、琼脂培养基做成平板进行组织分离,10天后检查每个培养基的带菌率。

表 4 - 1　茶芽枯病定点系统调查统计表

品种:

调查地点	调查日期	调查总芽叶数	病芽叶数	病芽叶率/%	备注

(2)定点系统病情调查。3月下旬至6月下旬进行,一般每隔5天调查一次,春季寒流来临前后,要适当增加调查次数。选择主要的感病品种(发芽早晚不同的品种),固定五点,每点随机检查100个芽叶,统计有病芽叶

数,计算发病率和病情指数,并将结果填入表4-2内。此项调查资料逐年
累积后,可明确发病的时间(始期、盛期、稳定期)、发病程度和历年气候
条件的相关性,为预测提供依据。

表4-2 茶芽枯病定点系统调查记录表

调查日期: 年 月 日 调查地点: 品种:

样点号	各级病叶数						调查总数	病芽叶数	病芽叶率/%	病情指数
	0	I	II	III	IV	V				
1										
2										
3										
4										
5										
总计										

(3)茶园病情普查。为了了解面上茶芽枯病发生流行和损失程度,必
须适时对茶芽枯病进行普查。在发病始期、盛期和稳定期,对当地不同品
种、不同类型的茶园进行调查,并将结果逐项填入表4-2内。

茶芽枯病流行程度预测指标:发病面积在1%以下,发病率在5%以内,
有病芽叶重损失在1%以内为轻病年;发病面积在10%以下,发病率在10%
以内,有病芽叶重损失在5%以内为中病年;发病面积在20%以下,发病率
在20%以内,有病芽叶重损失在10%以内为重病年。

茶园气象因素记录主要包括观察当地温度、湿度、雨日、雨量、日照时
长,并按旬统计,同时观察雾、露、寒潮出现时间和持续天数。

2.测报方法

(1)发病始期测报。一般在早春茶芽萌动、新叶初展时,感病品种即开
始发病,应加强调查,做出测报。

（2）发病流行趋势测报。根据历年菌源数量、寄主感病性、气候条件、病害发生期流行程度的调查记载数据,绘制图表,为分析流行趋势做参考。再根据当年越冬菌源老叶发病率(为4%~6%)和新芽萌发后1芽1叶或2叶初展时天气预报,即可估计茶芽枯病的发病趋势。在此期间,如果平均气温持续在15~20 ℃,最高气温在20~25 ℃,温度上升较慢,若有寒流侵袭,并伴随着阴雨天气,相对湿度在80%以上,则有可能导致病害流行,应及时发出预报,指导防治。历年感病茶园更应列为重点防治对象。如果3月下旬气温回升快,平均气温达13 ℃,最高达18 ℃,预示该年茶芽枯病发生早,对早芽感病品种应提前做好保护。如若气温升为29 ℃以上,则不利于病害发展,即使病叶率较高,也不必防治。